U0502798

商业升维

技术变革与文化升级的影响

（Adam Richard Rottinghaus）

[美] 亚当·理查德·罗廷豪斯◎著

徐茵◎译

Upgrade Culture
and
Technological
Change

中国科学技术出版社

·北京·

Upgrade Culture and Technological Change 1st Edition / by Adam Richard Rottinghaus / ISBN: 978–1032045771

Copyright © 2021 by Routledge

Authorized translation from English language edition published by Routledge, part of Taylor & Francis Group LLC; All Rights Reserved.

本书原版由 Taylor & Francis 出版集团旗下 ,Routledge 出版公司出版，并经其授权翻译出版。版权所有，侵权必究。

China Science and Technology Press Co., Ltd. is authorized to publish and distribute exclusively the Chinese (Simplified Characters) language edition. This edition is authorized for sale throughout Mainland of China. No part of the publication may be reproduced or distributed by any means, or stored in a database or retrieval system, without the prior written permission of the publisher.

本书中文简体翻译版授权由中国科学技术出版社独家出版并仅限在中国大陆地区销售，未经出版者书面许可，不得以任何方式复制或发行本书的任何部分。

Copies of this book sold without a Taylor & Francis sticker on the cover are unauthorized and illegal.

本书贴有 Taylor & Francis 公司防伪标签，无标签者不得销售。

北京市版权局著作权合同登记　图字：01-2024-1002。

图书在版编目（CIP）数据

商业升维：技术变革与文化升级的影响 /（美）亚当·理查德·罗廷豪斯著；徐茵译 . — 北京：中国科学技术出版社，2024.8

书名原文：Upgrade Culture and Technological Change

ISBN 978-7-5236-0682-7

Ⅰ . ①商… Ⅱ . ①亚… ②徐… Ⅲ . ①技术革新—关系—文化发展—研究②技术革新—关系—商业经济—经济发展—研究 Ⅳ . ① G30 ② F7 ③ F062.4

中国国家版本馆 CIP 数据核字（2024）第 103241 号

策划编辑	褚福祎	责任编辑	褚福祎
封面设计	创研设	版式设计	蚂蚁设计
责任校对	邓雪梅	责任印制	李晓霖

出　版	中国科学技术出版社
发　行	中国科学技术出版社有限公司
地　址	北京市海淀区中关村南大街 16 号
邮　编	100081
发行电话	010-62173865
传　真	010-62173081
网　址	http://www.cspbooks.com.cn

开　本	880mm×1230mm　1/32
字　数	154 千字
印　张	7.5
版　次	2024 年 8 月第 1 版
印　次	2024 年 8 月第 1 次印刷
印　刷	北京盛通印刷股份有限公司
书　号	978-7-5236-0682-7/G·1051
定　价	69.00 元

（凡购买本社图书，如有缺页、倒页、脱页者，本社销售中心负责调换）

升级文化与技术变革：未来的商业

在我研究消费技术行业中的未来主义这 15 年的时间里，全球科技领域发生了翻天覆地的变化。未来几年，会对本书讨论的主题产生影响的重要变化之一是，由于人工智能（AI）技术的出现，英伟达公司（Nvidia）已经取代英特尔成为全球微芯片领域的领导者。图形处理器（GPU）强大的并行计算能力是人工智能工具［如 GPT 聊天（ChatGPT）］所必需的，对图形处理器的需求将英伟达推向了行业顶峰。正如我在本书第一章中所讨论的，英特尔专注于中央处理器（CPU）领域，并在过去 40 年中将摩尔定律①塑造为商业模式和行业组织原则，从而定义了微芯片技术。2008 年，英特尔的市值高达 1000 亿美元，而英伟达的市值仅为 60 亿美元。

过去 10 年间，欧盟、日本、韩国和美国针对英特尔的反垄断裁决削弱了英特尔对行业的控制，英伟达等公司不断发展壮大，以满足游戏、自动驾驶汽车和其他应用对图形处理器日益增长的需求。基于这种增长和人工智能的未来潜力，2016 年《福

---

① 指英特尔公司共同创始人戈登·摩尔（Gordon Moore）提出的经验之谈，其核心内容为：集成电路上可以容纳的晶体管数目在大约每经过 18 个月到 24 个月便会增加一倍。——编者注

布斯》（*Forbes*）将英伟达称为"新的英特尔"。2018 年，当我在美国消费电子展（CES，原国际消费电子展）上参观英伟达的展台时，在混乱的现场，它几乎不被人关注，尽管该公司在当年获得了许多奖项。甚至在 2022 年 11 月开放人工智能公司（OpenAI）公开发布 ChatGPT 让人工智能受到广泛关注之前，英伟达的市值就已经增长到 3500 亿美元，为英特尔的 3 倍左右。整个 2023 年，基于人工智能对图形处理器的巨大需求，行业投资者开始重新调整优先级，这使得英伟达的总估值在 2024 年 2 月突破 20 000 亿美元。对人工智能的追求是否会成为新的组织原则尚待观察，但有一些很明显的迹象正试图使其变成现实。

在英伟达即将成为美国第三家估值达 20 000 亿美元的公司之际，在 2024 年 1 月底举行的世界经济论坛上，OpenAI 的首席执行官山姆·奥特曼（Sam Altman）计划向投资者筹集数万亿美元，用于重构半导体行业，以开发通用人工智能（AGI），这一事件马上成了头条新闻。人工智能程序被训练来自动完成离散任务，而对通用人工智能的典型定义则是"人类水平的智能"——它能够适应任何数量的任务。更重要的是，人们普遍认为，人工智能的进步最终将导致通用人工智能的发展。据估计，计划筹集的风险投资高达 70 000 亿美元，大约相当于苹果公司和微软公司市值的总和再加上 10 000 亿美元。这将标志着人类历史上规模最大的合作项目的全球经济投资。目前此类全球合作项目的领头羊是国际空间站，虽然很难估算具体数字，但其成本可能只有

1500 亿美元左右。

　　然而，将全球大量资源用于开发人工智能的建议听起来更像是科幻小说中的情节，而不是投资机会。对于科幻迷来说，这听起来并不陌生。故事情节是这样的：人类的未来取决于最后一搏，即把前所未有的资源用于开发一种能够拯救我们的技术。在《太阳浩劫》（*Sunshine*）中，这就是用一颗蕴含地球最后资源的巨型炸弹重新启动太阳的聚变反应。在末日动作惊悚片《2012》中，则是建造救生艇，让人们在全球洪水中生存下来。最近具有讽刺意味的是，在加里斯·爱德华斯（Gareth Edwards）拍摄的极具视觉冲击力的 2023 年电影《AI 创世者》（*The Creator*）中，它正在制造一艘飞行战舰，以摧毁一个萌芽中的人工智能社会。

　　我们有充分的理由认为，人类的未来岌岌可危，我们需要新技术来拯救我们。2015 年的《巴黎协定》旨在到 2025 年防止全球平均气温上升 1.5℃，以避免人类面临灾难性的长期威胁。2017 年，当我参加在哈萨克斯坦阿斯塔纳举行的世界博览会时，来自世界各地的国家都在宣传他们为履行《巴黎协定》的承诺所制订的计划。《巴黎协定》除了设定人类摆脱化石燃料经济的门槛值外，还包括承诺在 2025 年前提供 2000 亿美元资金，以防止超出这一门槛值。而我们在 2023 年正式跨过了这一门槛值。与奥特曼要求世界各国、企业和个人为发展通用人工智能所做的付出相比，对于消除气候变化，这一现有社会、经济和政治生活的直接而巨大的威胁，全球 2000 亿美元的投资实在是微不足道。

升级文化塑造技术想象力的方式之一，是行业领导者将人工智能未来潜在的好处合理化。他们宣称，从治疗疾病到扭转气候变化，未来的好处不一而足。例如，马克·安德森（Marc Andreessen）的"技术乐观主义宣言"结合了意大利未来主义对速度和自动化的迷恋、新自由主义市场意识形态和丰饶主义经济理论，认为如果人工智能在未来能拯救人类的生命，那么我们就有道义上的责任不惜一切代价加速其发展。他写道："我们相信，人工智能的任何减速都将付出生命的代价。因阻止人工智能而导致的那些本可以被人工智能预防的死亡是一种谋杀。"抛开宣言中的夸夸其谈，这种观点在今天同样适用。

通过丰饶主义的视角来想象人工智能的未来，其矛盾之处在于，它将人类的聪明才智定位为推动无限增长的终极资源。现在的问题已经如此复杂，以至于我们必须发明一种比人类头脑更聪明的技术来解决这些问题。正如我在第二章中所讨论的，该理论的领军人物之一朱利安·西蒙（Julian Simon）认为，通过分析资源市场的定价我们可以看到，当资源变得越来越昂贵时，人类就会运用才智来替代它，或者更有效地利用这些资源。他认为，人类的智慧是"终极资源"，因为它可以通过提高资源使用效率或采用不可避免的新技术取代旧技术，使其他资源的效能变得无限。因此，只要发挥人类的聪明才智，增长就是无限的。生态学家则反驳说，丰饶主义者想要建立无所不在的人工智能来拯救地球，而地球根本无法承受人工智能。

序 言

　　然而，通用人工智能则是建立一种能"建立技术"的技术。人工智能未来学家实际上是在告诉我们，人类没有足够的智慧来独自解决这些问题。我们需要一种人工智能来帮助我们创造拯救生命所需的药物和能源技术。显然，我们可以乐观地认为，创造出一种技术来代替我们解决问题将是人类智慧的顶峰。平心而论，在未来的 25 年里，将世界过渡到无碳基础设施的预估成本高达每年 45 000 亿美元，70 000 亿美元似乎还是经济划算的。但这只是暴露了当前技术想象力的局限性。第一种成本是真正建立起可以拯救我们的技术和基础设施，第二种成本则是建立一种我们希望能创造出更高效方法的技术。人工智能未来学家的愿景体现了升级文化的准则，即快速、永久、必然的技术变革，暗示下一项技术将最终解决我们的问题。通用人工智能之所以在这方面引人注目，是因为人们正试图推动一项人类历史上最大规模的集体工程，在这项工程中为了解决问题，我们必须建立一种我们目前还不了解，而且可能永远也不会完全了解的技术。

　　通用人工智能被认为是人类级别的智能，但对于我们能否创造出没有意识的人类级别的智能，还没有达成共识。事实上，我们甚至无法充分解释意识是什么，也无法解释它是如何从混乱的大脑物质中产生的。这就是大卫·查尔默斯（David Chalmers）所说的人类意识的"难题"。虽然我们不知道元认知、主观体验是如何通过物理过程产生的，但是并不缺乏关于这个问题的理论。梅根·奥吉布林（Meghan O'Gieblyn）指出，从人类提出关于意识的问题开始，人们就一直在使用当时的主流技术，如时钟、磨坊和织布机，一直到今天的数字计算机，来描述意识。

例如，在《意识的解释》（*Consciousness Explained*）一书中，丹尼尔·丹尼特（Daniel Dennett）提出了"大脑是一台反向并行处理的计算机"的理论。并行处理的图形处理器将输入的单一问题拆分成许多不同的简单任务来处理，而人脑则将许多不同的简单感官输入组织成单一的主观体验，我们称之为意识。尽管这是一个诱人的隐喻，但丹尼特关于意识是一种与数字计算机反向类比的生物信息处理系统的理论仍然只是一个隐喻。而当今用计算机作为意识的隐喻在雷·库兹韦尔（Ray Kurzweil）的奇点中达到了顶峰。在奇点中，我们首先将人类意识与数字技术相结合，最终在上传版的云中得到永生，就像查理·布鲁克（Charlie Brooker）的《黑镜》（*Black Mirror*）中的《科技天堂》（*San Junipero*）一集，或格雷格·丹尼尔斯（Greg Daniels）的《上载新生》（*Upload*）系列一样。

尽管这些理论充满想象力、发人深省，但事实是，我们目前并不了解人类的意识，也不知道我们能否在没有意识的情况下复制出人类水平的智能。人工智能未来学家要求我们投入大量的资源，创造一个我们并不真正了解的东西的人工版本——人类智能——这样我们就能被一个我们不可能了解的东西——可能有也可能没有元认知和主观意识体验的通用人工智能所拯救。虽然没有主观意识能否拥有通用人工智能还是个未知数，但就连深度

序 言

思考公司（DeepMind）的首席执行官丹尼斯·哈萨比斯（Denis Hassabis）也指出，人类智能是我们所拥有的唯一模型。然而我们知道，人类智力与主观意识体验密不可分。

我不希望人工智能辜负人们对它的厚望。我喜欢艾萨克·阿西莫夫（Isaac Asimov）的《机器人》（Robot）系列中，人工智能超越人类智慧极限，解决星际旅行问题的那一刻。这为接下来《银河帝国》（Galactic Empire）和《基地》（Foundation）系列中人类在2万年左右的时间里在银河系的扩张奠定了基础。阿西莫夫最终将这3个系列中发生的事件整合为人类未来几千年的统一愿景。阿西莫夫在1940年至1995年间共创作了15部长篇小说和许多短篇小说，对整个20世纪的科技想象力产生了巨大影响。苹果公司上线了对这些经典小说新改编后的电视剧。也许我们需要的不是由媒体和行业领袖帮我们想象一个充满人工智能的未来，而是我们可以通过实例去想象一个没有人工智能的繁荣未来。

在弗兰克·赫伯特（Frank Herbert）的《沙丘》（Dune）系列中，人类也建立了一个帝国，在接下来的2万年左右的时间里横跨已知宇宙，但人类不是通过计算机，而是通过高度发达的能源、军事和交通技术实现这一目标的。在人工智能试图消灭人类之后，人类开始专注于完善对自己身体和思想的控制，而不是投入资源开发能替代人类思考的机器。事实上，《沙丘》中救世主一般的主角就是经过数千年选育才诞生的"魁萨茨·哈德拉克"（Kwisatz Haderach，意为具有穿越时空能力的人），其拥有超人思维——而足以跨越时空的思维才是真正的终极资源！丹尼斯·维伦纽瓦（Denis Villeneuve）的《沙丘》系列电影将该种类的电影重新带入大众文化，技术想象力从人类未来的愿景中获益，这些愿景摆脱了升级文化中快速、永久、必然的技术变革的准则，因为它迫使我们以其他方式思考人类的状况，而不是由下一次升级来决定我们的集体想象力。

前言

2014 年 CES 上，我站在几十个不知所措的参会人中，问一位参展商："你们的监视器坏了吗？"他回答说："没有，但公司不想泄露任何专利技术，所以他们不会通过摄像头向你展示里面的机器人究竟是如何叠衣服的。"当时我刚刚花了 15 分钟左右的时间观看了"世界上第一个自动叠衣机"的演示。这个所谓的"技术奇迹"是由日本七梦（Seven Dreamers）公司开发的，名为"衣卓"（Laundroid）。衣卓被装在一个时尚简约的衣柜里，零售价为 16 000 美元，其设计目的是将乏味的家务劳动自动化，为整个家庭折叠和分类衣物。就像我在第一次参观美国消费电子展看到的许多其他新兴技术一样，衣卓承诺将彻底改变人们日常生活的某个方面。而现实情况是，它需要几个小时才能整理完一沓衣服，而且在折叠深色衣服时遇到了困难。对于那些几乎没什么竞争对手的新技术而言，一种常见的策略是抢先将新产品推向市场，以确立"率先上市"（first-to-market）的品牌地位。衣卓希望成为"叠衣机器人中的邦迪（Band-Aid）、舒洁（Kleenex）或优步（Uber）"。

在整个演示过程中，我们一直盯着这件一动不动的卧室家具，看不到里面的机器人。衣卓的设计是将其融入家居，因此衣柜的外观完全掩盖了它的内部操作。为了解决这一视觉障碍以更好地推广产品，七梦公司在衣卓内放置了一台摄像机，向观众展示它的工作原理。出于对知识产权的谨慎考虑，七梦公司是把视

1

频位图化后在显示器上显示，以掩盖机器的实际操作情况。因此，观众看到的不是机械臂将演示用的 T 恤整齐地叠好，而是黑屏上的灰色方块在晃动。当观众想努力了解到底是怎么回事的时候，有一位经验不足的发言人磕磕巴巴地介绍了一通，吹嘘这款升级版衣橱将带来一场家庭生活的革命。可当他讲到一半时，机器坏了。

当显示器上的灰色方块停止晃动时，观众们就知道衣卓坏了，此时后台的维修团队还没来得及走出来。人群散去后，衣卓展位的参展商向我解释了位图视频传输的原理，他看着我并耸了耸肩。衣卓在美国消费电子展上的营销之所以引人注目，肯定不是因为它可视性差、代言人说话磕磕巴巴，也不是因为它突然坏了，而是因为它即使失败了，也是在强化一种无处不在的假设，即技术将快速、永久、必然地发生变革。

消费技术行业曾经只是一种小圈子的亚文化，如今已发展成为一股强大的力量，改变了人们在文化想象中对技术变革过程的理解。它通过重构一系列技术与未来之间关系的关键假设来实现这一目标。随着消费品市场的日益饱和，企业设计出有计划的淘汰等策略，向已经拥有产品的消费者出售新的或更多版本的产品。无论是通过外形设计来改变风格，还是通过改进工艺来提升性能，抑或是通过广告宣传来增强心理暗示，有计划的淘汰已经成为消费文化中的一种标准做法。由于老产品不断淘汰，新产品层出不穷，行业上对这些津津乐道，这就创造了一种不言而喻的体验，塑造了人们对技术变革过程的理解。正因如此，今天任何新技术的营销——无论其具体促销效果如何，都会不断强化这样一种假设，即技术变革是快速、永久、必然的，未来将推出更多的新兴技术。

本书讲述了这些关于技术变革的假设是如何融入文化想象，并创造出我所说的"升级文化"的故事。升级文化是基于新技术将快速、永久、必然地推出这一假设而产生的一系列实践、讨论和影响。文化想象力是一个宽泛的概念。为了使分析更聚焦，我经常引用"技术想象力"来描述一组共有的符号、概念和价值观，它们共同引导着千差万别的人理解技术在日常生活中的可能性和局限性。在其他情况下，我使用文化想象中的"技术变革"一词，是指对特定技术变革的假设如何渗透到社会生活的其他方面。简而言之，升级文化已成为决策的基本准则，面对即将到来的技术变革，升级文化改变了个人、政府和私人组织参与、抵制和管理这些变革的方式。

本书主要关注的是，当公众和组织假定技术变革是快速、永久、必然的时，他们会做些什么。对"技术日新月异"这一点人们不会有太多争议，但争议是应该的。从历史上看，技术并不总是日新月异，更重要的是，人们并不认为技术会快速变化。在整个 19 世纪和 20 世纪的大部分时间里，在人们的文化想象中，技术变革只是一种间歇性发生的事件，打破了日常生活中人们对技术潜能的正常期望。在《美国的技术崇拜》（*American*

商业升维
技术变革与文化升级的影响

Technological Sublime）一书中，历史学家戴维·奈（David Nye）描述了参加世界博览会、旧金山金门大桥通车或在电视上观看登月等集体经历是如何通过恐惧和敬畏的结合捕捉公众想象力的，他将其描述为"技术崇拜"。他认为，这些庆祝科技成就的崇拜体验是美国民族认同的核心。然而，当崇拜体验所带来的狂热和兴奋消退，人们回归日常生活时，剩下的就是另一种人与技术之间的关系，一种平凡但反而更强大的关系。回顾电子媒体的发展史，速度、距离、频率以及对媒体技术性能的控制一直在渐进式改进。这些较为平庸的改进并没有伴随着崇拜的体验，却能很容易地融入现有的文化习惯和模式中。

然而到了 20 世纪末，随着个人电脑的崛起以及随之而来的数字设备大行其道，曾经小众的消费技术行业出现一种文化魅力。该行业不再是间歇性地举办标志新技术成就的大型活动，而是在技术变革过程中建立了更多的习惯性体验。从 1970 年到 2020 年，美国消费电子展——该行业的旗舰展会——推出了很多大众消费电子产品，如 1970 年的录像机（VCR），1981 年的摄像机和光盘播放机，1996 年的数字多功能光盘（DVD），2001 年的微软游戏机 Xbox，2003 年的蓝光 DVD，2010 年的平板电脑、上网本和安卓设备，2011 年的智能家电，2014 年的 3D 打印机和 2020 年的 5G。在 20 年间，电视屏幕的清晰度从标准清晰度到高清晰度，再到三维清晰度，又到超高清晰度，逐渐接近人眼感知的极限。每年都有新一代智能手机问世。在美国，智能手机

4

往往与手机套餐捆绑在一起，即使目前的手机功能完好，也不得不升级到最新型号。据说每个新版本都比上一个版本更好，这也意味着当前的设备肯定不如下一个版本。在过去的 30 余年里，消费技术行业关于未来的描画几乎影响了所有社会领域，人们看到了层出不穷的新设备，并感受到了这些设备会毫无悬念地被快速淘汰，这些体验定义了未来的前景。然而，新产品的快速推出和淘汰并不是一个良性的过程，其中最具破坏性的后果之一是，那些仍能运行但被丢弃的消费电子产品产生了数量惊人的有毒垃圾。消费技术行业不仅生产了过量的、会带来危险后果的数字设备，而且还引发了文化与技术变革进程之间关系的转变。

　　本书的主题是技术变革的崇拜体验与平庸体验之间的独特组合，我称之为升级文化。升级文化重新阐述了人们在文化想象中如何看待技术变革。摩尔定律和消费技术行业改变了人们对技术的想象，使其不再是一种渐进式、升级式的间歇性变革，而是以指数曲线发生的快速、永久、必然的变化。技术想象力的这种转变并不否定崇拜体验的存在，正如消费者在 2007 年对第一代苹果手机（iPhone）的欣喜之情一样，也不意味着渐进式升级不再是体验的一部分。它们是让许多人沮丧的根源。这种转变意味着，间歇性突破和渐进式变化不再是在技术想象中体验和理解变革的唯一模式。升级文化要求我们以快速、永久、必然的指数曲线来思考问题。

　　我的观点是，当今的消费技术行业通过改变人们对技术变革的集体理解，把变革过程本身变成了日常生活中的平常一面，把技术变革变成了一个可以预期、可以管理的过程。人们对技术变革的主要体验不再是间歇性的集体震惊和庆祝，然后随着时间的推移进行渐进式的变化。相反，由于摩尔定律以及现在大行其道的将技术这一术语等同于消费电子产品的说法，消费技术行业已经使变革过程本身，而非任何具体技术，融入了日常生活之中。升级文化的力量在于，历史上某一行业的偶然性技术变革过程已经成为整个社会和公民生活中个人和集体决策的一个恒定变量。这极大地重塑了人们对技术变革和未来的集体认知。简而言之，如果没有新消费技术的不断涌现，今天的人们还能想象一个繁荣的未来吗？

以未来为事业

本书有两类截然不同的读者，希望借本书让这两类读者都能从对方身上学到一些东西。我试图在市场营销和技术变革这一主题上，在两个有着不同方法和范式的学科之间进行转换，但这两个学科却可以相互提供重要的东西。一方面，本书针对市场营销和企业研究者，鼓励他们从文化和权力的角度进行批判性思考，其目的是认识到市场营销、商业模式和企业实践对世界的影响，而不仅是通过产品将人与企业联系起来。另一方面，它通过展示商业世界的复杂性和营销工作者的日常工作，与文化学者进行对话。这些领域的批判性学者往往避免深入研究科技行业内部的运作情况，而只是分析产品的产出或营销的效果。市场营销，尤其是 B2B（企业对企业）营销中那些推动行业发展的具体细节，因人、实践和权力——一句话，就是文化——而变得生动活泼。长期以来，批判性分析一直对这些具体细节视而不见。

迄今为止，市场营销与文化研究之间的关系很大程度上表现为，市场营销借用了文化学者对日常生活的研究成果，将日常生活视为一个行动、意义创造和身份认同的场所。有学者说："换句话说，文化研究的前景和本体论与当代认知资本主义的价值逻辑之间似乎有很强的兼容性。"文化学者对消费者抗拒行为的研究成果为市场营销研究提供了一个模板，使其开始关注消费者使用产品过程中的独特文化实践。这引发了一场营销革命，即遵循消费者的自主性，而不是向消费者强加意义。例如，"猎酷"（coolhunting）如今已成为一种成熟的市场研究方法，用于识别小众群体或亚文化中的新兴趋势，并将其商品化以推向大众市场。文化学者要想重新把促进变革的主张放于中心位置，当务之急是必须从对抗拒 / 能动性的研究转向对缔造和重建全球资本主义结构的营销实践进行更扎实的研究。

本书的目的是肩负起这一重任，以研究科技行业的营销人员为起点，了解他们的日常实践是如何既回应又促进了技术想象中人们对变革理解的转变。这意味着要从行业和个人两个层面探讨营销人员的工作是如何生成和重建权利关系的，而权利关系又是如何帮助塑造了集体对技术变革过程的理解、体验和参与。我试图把市场营销中将文化视为个人属性（可被精准营销活动利用）的静态观念，转变为将文化视为背景的观念，这种背景将生活和工作在技术驱动、增长至上的全球资本主义中的不同人群联系在一起。有学者指出，市场营销在放弃了文化研究促进变革的主张的同时，却将一些文化研究理念付诸实施。我想补充的是，市场营销还忽略了将文化视为背景的观念。美国著名文化研究学者劳伦斯·格罗斯伯格（Lawrence Grossberg）认为文化作为背景是"文化研究的核心"。

因此，营销工作文化是本书关注的核心问题。我们需要深入到市场营销内部，以了解其在当代资本主义中所发挥的功能和力量。理解人与人之间的相互构成关系及其行动条件的关键在于实践。实践是人们日常所做的事情，它们缔造并重建了世界的状态。购物、开车、上班、与朋友放松、烹饪晚餐、清空洗碗机、浏览社交媒体，这些都是缔造、重建和改变世界的"工作"。市场营销实践——为交易创造文化经济条件的工作——是员工、经理和企业主在日常工作中所做的事情：撰写文案、市场调研、设计活动、管理预算、招揽生意、与客户或代理机构协调等，不一而足。

无论个人能否感受到，这些日常实践都再现了那些关于维持世界运行的政治、社会和经济体系及机构的假设，它们是文化研究的基础。这些假设可能包括世界是如何运行的（或应该如何运行），为什么事情会是这样以及可以做些什么。植根于这些假设的实践还涉及身份、主体能动性和政治的概念：我是谁，我能做什么，我应该做什么？这对于全球的营销人员来说是如此，对于试图驾驭营销人员创造的消费体系的消费者来说也是如此。最重要的是要认识到，文化不是"在外面"某个地方被发现或被利用。它就在这里，让人们日常生活所依托的历史背景栩栩如生。它渗透在人们如何思考、感受和参与周围世界的过程中。需要明确的是，虽然我是在为两个范式迥异的学科之间的对话做贡献，但本书并不适合那些不愿意认真面对此事的人——技术变革是全球增长，而日常商业行为的总和会因无节制的技术变革对社会和环境造成破坏性影响。

　　与其他行业相比，科技行业或许更是将未来视为自己的事业。我所说的"事业"不仅指正式参与商业活动，也指对某一事件或活动感兴趣这种非正式意义的事业。事业的一个定义是指做生意，这是市场营销和商业研究的范畴；另一个定义则指兴趣、价值观和习惯，这是文化研究的范畴。虽然消费技术行业是在销售数字设备，但他们也在塑造人们对未来的想象。也就是说，该行业将"未来"视为其主要事务、关注点和干预点之一。消费技术公司采用的商业模式建立在新产品的快速推出和淘汰周期之上，这种模式在人们的技术想象中植入了关于未来的想法，并且将新产品打造成未来的象征。因此，科技行业将无限期地创造人们对新技术的预期，对人们如何想象未来以及他们在其中的角色产生了非常真实的影响。升级文化是消费技术行业以未来为事业的结果。

在个人电脑还未发展之前的早期阶段，消费电子产品在很大程度上意味着家用电器和广播或电视等媒体技术，它并不属于"未来事业"。它更像是一种"业余的"亚文化，与文化产业和第二次世界大战后的消费主义有着密切的联系。20 世纪 80 年代，个人电脑（PC）的出现催化了这一行业，创造了新的研发领域，带来了当时难以想象的产品应用。商业史学家艾尔弗雷德·钱德勒（Alfred Chandler）写道，硅基微处理器芯片的崛起是该行业自晶体管以来最重要的技术发展，是"创造电子世纪（creating the electronic century）"的关键。英特尔公司在 20 世纪 90 年代和 21 世纪整个行业大规模扩张的过程中，主导定义了微处理器技术。实际上，在 20 世纪 70 年代，英特尔公司还只是一家规模小但备受推崇的计算机组件工程和制造公司。

英特尔公司从一家组件制造商发展成为当今世界上强大的公司之一，其增长核心就是摩尔定律。戈登·摩尔在 1965 年指出，在可预见的未来，通过压缩晶体管之间的空间，每 18 到 24 个月微处理器芯片的处理能力将有可能翻倍，这最终将成为整个消费技术行业的组织原则。处理能力的指数增长曲线成为快速扩张的计算机行业的标志，也成为技术无限增长的文化缩写。20 世纪 90 年代，随着英特尔在个人电脑供应链中的垄断地位得到稳固，整个行业都与基于摩尔定律的产品更新换代速度同步。如今，业界对摩尔定律的命运争论不休：它何时消亡？它已经消亡了吗？它能消亡吗？无论争论如何，业内人士和评论家似乎都在提出一个普遍的问题：我们能承受它的消亡吗？科技行业将产品生命周期与摩尔定律同步，这对建立消费电子产品的节奏至关重要，它改变了人们对技术变革的理解，从零星到快速，从间歇到永久，从意外到必然。

升级文化

升级文化是关于技术变革的假设（技术变革是快速、永久、必然的）在文化想象中扎根，并通过个人和组织的日常决策扩散到整个社会生活的结果。从某种程度上说，升级文化是对技术变革的一种启发式理解，它更加倚重个人的直接经验和不言自明的结论。通信媒体和消费电子产品发生着日新月异的变化，而且丝毫没有放缓的迹象。然而在其他方面，升级文化是英国文化批评家雷蒙·威廉斯（Raymond Williams）所指的"感觉结构"（structure of feeling）。如今，技术给人的感觉是无常的。几乎没有什么东西的设计、制造或使用方式是注定能持续很长时间的。当人们在生活和工作中使用、搭配和适应最新一代的智能手机时，取代它的新机型已经在路上了。美国未来学家阿尔文·托夫勒（Alvin Toffler）曾经描述过的"未来冲击"（future shock）现在已经变成了"未来疲惫"（future fatigue）。在其他方面，升级

商业升维
技术变革与文化升级的影响

文化也是一种关于未来的讨论，呼吁人们采取行动。我们被告知，未来将充满奇妙的新事物，让我们更健康、更有生产力，并能增加我们的闲暇时间。然而，正如媒体评论员詹姆斯·凯里（James Carey）和文化学者约翰·奎克（John Quirk）所写的那样，"未来"不过是一种通过特定手段动员人们实现特定目标的方式。它通常是采用乌托邦式的未来愿景形式，通过"电子崇拜的修辞"，将新兴技术与美国文化中关于进步的叙事和神话联系起来。在美国历史上，无论关于技术进步的叙事多么难以撼动，它都是通过崇拜体验和平庸体验的不同迭代表现出来的。

在美国历史的前 200 年，技术变革是日常生活中间歇式的断裂。在《花园里的机器》（*Machine in the Garden*）一书中，利奥·马克斯（Leo Marx）认为，早期美国有影响力的领导人认为技术是一种与美国田园牧歌式的愿景相结合的东西。他提到，火车打破了大草原宁静的"自然"，这一景象和声音，渗透到了 19 世纪中期的文化想象之中。随着殖民定居的美国人打着天命的旗号向西扩张，驱逐原住民，他们带来的技术被描绘成"未开垦"大陆上文明的先兆。从 18 世纪到 19 世纪，美国人的身份认同一直围绕着这些技术进步的观念。

戴维·奈在《美国的技术崇拜》一书中写道，从 19 世纪初开始，技术崇拜一直是美国人理解自身并投入技术变革进程的主要方式。他描述了新技术的到来如何总是通过公共奇观来打破人们对技术的日常体验，从而促进社会融合。他认为，这些令人敬畏的关于技术变革的集体体验是美国人身份认同的一个重要方面，它将多元文化的社会结构融合在一起。他所举出的技术崇拜的例子，包括早期的工程壮举，如大桥、摩天大楼、工厂，随后是电气化和照明，这些都凝聚于 1939—1940 年的纽约世界博览会——明日世界（World of Tomorrow）。原子弹爆炸、登月和1986 年自由女神像重新落成等事件标志着 20 世纪中后期美国人的崇拜体验。即使是像收音机和电视这样后来的寻常之物，也往往是在世界博览会这样的大型活动中首次推出的，目的是通过点燃公众的激情来促进其与社会的融合。然而戴维·奈总结道，到了 20 世纪末，技术崇拜开始与集合了人类智慧、创造力和劳动的成果脱钩，并重新表现为如迪士尼乐园这样的消费主义奇幻之作。没有了用生产建造大工程来巩固国家认同，技术变革的集体感知正在衰落，取而代之的是个人的消费体验。

　　19 世纪与 20 世纪之交，日常生活中的技术也发生了根本性的变化，随之而来的是技术变革的渐进式体验。例如，19 世纪末和20 世纪初的媒体史《老技术也曾年轻过》（When Old Technologies Were New）和《永远重现》（Always Already New）描述了新兴技术在推出之后在社会生活中的传播。电灯、电话和留声机在世界博览会和展览活动上让观众眼花缭乱，之后企业才开始采用更寻常的推广策略，如亲自打电话推销和发报纸广告，通常都是强调这些技术的实用性。克劳德·菲舍尔（Claude Fischer）的电话史描绘了电话在社会生活中的传播。他写道："电话一开始只是一种新奇的东西，后来成为电报的替代品，再后来演变成一种大众产品，一种处理家务和进行交谈的日常设备。"当电话从一对一线路发展到交换机、共享线路和公用电话时，它也成为一种被普遍接受的文化实践，同时为适应使用需求，基础设施也在扩大，技术承载能力也在逐步改进。为了促进电话技术的普及，美国电话电报公司（AT&T）和贝尔公司（Bell）等电话公司开展了广泛的广告和公关活动，教育消费者如何使用电话。许多策略都使用理性和实用的诉求来说服受众，让他们相信电话在生活中的实用性。菲舍尔指出，在最早的宣传活动中，电话公司主要侧重于向企业用户销售电话服务，以取代电报。即使在他们开始向家庭用户推销电话之后，他们的策略仍然侧重于宣传电话的实用用途，即"电话可以帮助富裕的家庭主人完成与家庭事务有关的任务"。然而，在这个平常的阶段，技术以及生产技术的公司确保了其对文化和经济生活的真正影响力，技术公司主要是通过宣传技术的实用用途，而不是继续强调技术的崇高性。

在《数字化崇拜》（*The Digital Sublime*）一书中，文森特·莫斯可（Vincent Mosco）重新审视了20世纪80年代和90年代消费技术行业的爆炸式发展是如何通过对网络神话的迷恋来重构崇拜体验的。莫斯可关注的是新兴数字技术在进入社会引发了人们的崇拜体验之后发生了什么。他认为：

当电话和计算机等不再是神话中被崇拜的偶像，而是进入了平淡无奇的世界——当它们失去了乌托邦愿景的源泉——它们才会成为社会和经济变革的重要力量。

　　莫斯可的主要观点是，技术变革的力量不在于其崇拜感的引入，而在于其日后的平常使用，因为人们已经习惯并依赖于日常生活中的技术。公众对网络的兴趣不过是将民主和乌托邦梦想叠加到从电报开始的最新的新兴技术上。莫斯可和戴维·奈的研究共同指向了20世纪末消费主义的个人主义和明确的企业规划正在取代集体经验和国家认同，这是对技术崇拜的重构。

　　我的意思是，2000年之后，升级文化在技术想象中凝聚成一种独特的建构，它既不崇高也不平庸，而是不言而喻的。每一代新产品的性能都是前一代产品的几倍，而不再是平庸的渐进式改良。摩尔定律使渐进式变革转为指数式增长。随之而来的是，对技术变革的理解和体验变得既不崇高也不平庸，而是成为指导个人、社会团体、组织和行业决策的准则。作为一种将技术变革描述为快速、永久和必然的扩散性法则，升级文化使消费技术成为日常文化生活中需要被管理的一个方面。对于戴维·奈来说，在引入技术创新、重组社会和政治环境的时候，崇拜所带来的震撼和集体体验是至关重要的。① 个人和机构必须管理变革的过程以及他们自己对日常生活中不断涌现的一系列数字技术的期望和反应。在升级文化的影响下，人们知道无论是否愿意，新技术都

---

① 升级文化在多大程度上与新自由主义思想相关联，这是一个开放性的问题，超出了本书讨论的范围。

会到来。人们要选择的不是是否采用新技术，而是如何采用以及何时采用新技术。

升级文化使个人和组织对技术、平台和基础设施的强制性变化做出反应，而通信、文化和经济生活正是在这些技术、平台和基础设施上发生的。通过软件更新、硬件故障或强制升级的合同条款，这些有计划淘汰的商业模式使升级文化得到具体实施。然而，升级文化也在市场营销、媒体文化和新闻报道中被零散地宣传，这些声音有意或无意地重申了行业目标，让人感觉技术变革过程的快速、永久和必然性是自然而然的。需要明确的是，我的立场并不是要哀叹技术变革的某个逝去的时代，在那个时代，崇拜是为新兴技术创造集体意义的一种更好形式。我的目的是呼吁人们关注 2000 年前后在文化想象中出现的这种与技术变革的新关系，阐释其发生的过程，并详细介绍其正在产生的一些影响。

升级文化反映的不是像技术崇拜那样的民族意识层面的需求和欲望，而是消费技术行业中企业与其他企业之间的交换。今天，新兴技术并没有削弱人们对技术的理解和体验，而是强化了变革过程，并使之自然化。在过去的 50 余年里，消费技术行业对其产品进行了重新定位，使之成为技术的代名词。计算机、网络、数字小工具和智能设备曾经是高技术，后来是新媒体，但如今却主要被称为技术。此外，很少有行业和经济部门能不受最新的被称为物联网的这一新技术的影响。物联网将传感器、处理器和发射器连接到以前无法连接的设备上，从而将世界上的每件物品都与信息资本主义的网络化流动联系起来。美国消费技术协会——一家进行市场调研、组织美国消费电子展，并代表该行业进行游说的专业组织——宣称"今天，每家公司都是一家技术公司"。将消费电子产品等同于技术，标志着"技术"一词的含义发生了语义上的转变，但更重要的是，它促使人们关注变化的过程，而不是无处不在的物品及其构成的社会关系。

仅使用"技术"一词，就将人们对消费电子产品的独特理解和体验普及到了所有技术。将"电子产品"一词改为"技术"，并去掉"高技术"中的修饰词"高"，则抹杀了技术的特殊性，而这种特殊性赋予了技术在文化语境中的独特关系。高技术曾被用来区分信息通信技术和其他不包括计算机处理的技术，强调了数字技术优于模拟技术的等级序列。这种公共话语的转变在 2015年达到了顶峰，当时美国消费者电子协会（Consumer Electronics Association）进行了品牌重塑，取消了所有"电子"的提法，转而使用更具广泛包容性的"技术"一词。美国消费者电子协会正式更名为美国消费技术协会（Consumer Technology Association），而国际消费电子展（International Consumer Electronics Show）的简写也变成了 CES。虽然其直到 2019 年 10 月 4 日才向美国专利和商标局备案，但 2015 年的一份新闻稿指示编辑进行了如下的新闻报道："全球科技盛会的正式名称是'CES'。请不要再使用'消费电子展'或'国际消费电子展'来指代该活动。"在其官方材料中取消所有对"电子"一词的提及，这是其重新定位的一部分，以强调其行业在全球的普遍性。升级文化是消费技术行业摩尔定律所带来的快速、永久、必然变革的独特组合的结果，这种变革已成为技术变革的普遍方式。

首先，由于有计划的淘汰这一商业模式——主要是摩尔定律，导致了快速的技术变革，这是消费技术行业的主基调。1968年英特尔成立时，摩尔与罗伯特·诺伊斯（Robert Noyce）和安迪·格鲁夫（Andy Grove）一起，将他对现有材料、工程和生产能力的观察转化为一项创利原则，并一直指导着整个行业的组织实践。英特尔公司自诩："他（摩尔）对硅技术发展速度的预测……实质上描述了半导体行业的基本商业模式。"英特尔用摩尔定律构建其业务模式，是消费技术行业历史上最具影响力的决策之一，因为微处理器芯片几乎是他们生产的每件产品的核心。

在消费技术行业爆炸式发展的整个过程中，摩尔定律这一技术指数级增长的永久力量得到了宣传普及。在那些繁荣的年代，摩尔定律的预测是如此确定而明显，以至于当时的报道和最近撰写的历史回顾通常都会首先解释摩尔定律不是物理中的摩尔定律，而是一种商业实践。英特尔公司高管阿尔伯特·虞（Albert Yu）在其《创造数字未来》（*Creating the Digital Future*）一书中解释道：

摩尔定律不是物理定律，而是技术与商业紧密互动的结果……因此，高科技公司必须以摩尔定律的速度不断更新产品，否则就会落后。我们必须不断展望未来。

虞的评论使人们更加关注摩尔定律的市场优势，也能帮助人们通过这些新兴技术畅想未来。尽管摩尔定律作为一种商业模式极具影响力，但它也成了文森特·莫斯可所描述的那种神话。他写道：

神话是一种故事，它为个人和社会提供了一条通往超越的道路，使人们从平淡无奇的日常生活中解脱出来。它们提供了通向另一种现实的入口，而崇拜曾是这种现实的特征。

摩尔定律承诺了快速、永久和必然的技术变革。然而，面对计算能力的指数曲线，这个神话并没有激发人们崇拜的快感。相反，摩尔定律中蕴含的关于技术和未来的假设改变了技术想象中的变革概念。泰德·弗里德曼（Ted Friedman）在《电子梦：美国文化中的计算机》（*Dreams: Computers in American Culture*）一书中指出，"事实上，摩尔定律的知识可能是基础技术素养之一，它将计算机行业内部的从业者与外部的战战兢兢观望的大众区分开来"。弗里德曼的观点是，虽然普通大众对摩尔定律在整个20世纪90年代带来的个人电脑的飞速发展充满了敬畏，但计算机行业的从业者却明白，摩尔定律本质上是一个执行良好、面向未来的商业计划。因此，摩尔定律在普通大众和业内人士之间发挥着有限的作用，将对快速技术变革的经验和理解转化为无处不在的决策准则。

其次，升级本身就是一个无法完成的过程——它是永久的过渡。摩尔定律所带来的快速但可预见的变化意味着，建立在半导体微处理器芯片上的行业将永远处于变化状态。在不到 10 年的时间里，处理能力从 386 到 486，从奔腾 I 再到奔腾 II，这意味着每次升级都不是达成处理能力的某个特定目标，而是一系列没有明确终点的永久升级。因此，"升级"是一个过程性术语，指的是介于先前和未来迭代之间的一种临时状态。

温迪·春（Wendy Chun）在《更新以保持不变》（*Updating to Remain the Same*）一书中指出了一种相关现象，即"习惯性媒体"。她写道："更新是破坏旧的和建立新的语境和习惯的核心，是创造新的依赖习惯的核心。"在这里，更新作为一种"创造性破坏"的形式不断弃旧迎新，用户通过依赖更新来维持与他人预期的技术文化的联系，并在下一次更新中被迫破坏这些联系。春的研究强调，高科技行业文化力量的核心表现就是更新过程的永久性。[①]

最后，"升级"的含义是在先前迭代的基础上进行必然的改进。我选择升级一词而不是更新，是为了强调质量而不是时间。更新意味着时间上的常态化，而升级则意味着质量上的改进。我在采访科技行业的营销人员时，他们一再声称"升级"意味着质量上的改进，而"更新"更多的是例行维护，比如修复软件错误或修补代码。他们自己也认为升级意味着"增值"，这进一步说

---

① 虽然春和我对所说的"没有变化的变化过程"有着相似的兴趣，但她关注的是用户的习惯性做法，而我关注的是消费技术行业中那些为用户创造条件的营销人员的做法。

明了升级一词能更好地反映该行业通过改进来重构技术进步的叙事方式，而非采用"不落后于时代"的叙事——在 20 世纪早期和中期，这是一种更常见的宣传策略。甚至有人承认，营销人员有计划地将原本的标准功能重新定义为升级功能，同时降低了人们对基本服务的期望值——航空业和软件业就是最好的例子。营销人员的这种有意为之的重定义方法已经延伸到现在设备的每一次更新迭代中，迭代中的每一次变化都在所难免地被定义为质量的改进。

在整个 20 世纪，"升级"一词被用作名词、动词和副词，以表达改进和提升的概念。到 20 世纪中后期，"升级"一词开始与计算机系统功能的改进联系起来。借鉴之前表示物理改进或增强的用法，可升级成为一个主要用于描述计算机的形容词，而"升级"则成为消费电子行业中各种数字设备的更新版本的共同参照点。其效果是，每一个版本、每一次升级都被理解为必然比其前一代产品更好。

升级文化重新阐述了关于变革和改进的假设。尽管批判性技术研究学者早已对进步叙事的意识形态建构进行了批判，但作为一种意义建构实践，它仍然深深植根于技术想象之中。在西方和美国文化的悠久历史中，对技术进步的描述是将更新等同于更好，把二者紧密联系在一起。进一步叙事对于新兴技术的崇拜体验至关重要，因为它框定了人们可以通过新技术改善文化生活，从而促进了社会融合。将这些假设描述为"升级文化"，旨在提请人们注意这种技术变革神话的持续性及其在促进新的技术文化关系方面的灵活性。简而言之，升级文化就是伪装成技术进步的重复和再现。

正如我采访过的一位营销人员所说："我期待的是有迭代步骤、有序进行的升级，这种升级可能会有明确的节奏，是永无止境的，也是必然的。我想知道这会是什么样子。这将是一次有趣的对话和思想实验。"在很大程度上，本书就是一个思想实验，希望能开启这样的对话。当人们认为新技术会快速、永久、必然地推出时，他们会怎么做？我们又是如何走到这一步的？

技术想象中的变革

本书的核心内容是，当人们认为技术变革是快速的、永久的和必然的时候，他们会做些什么以及高科技行业的营销人员是如何创造这种理解和体验的。我将营销人员作为谈论技术变革的切入点，因为是他们帮助每个公司达成商业目标，确保了供应链公司之间的合作关系，并塑造了日常生活中关于新兴技术的讨论方式。我特别关注的是将消费者与营销人员、个人与机构、私营组织与政府机构联系在一起的文化体验的共享事件。像这样将相异的人群团结在一起的一套集体概念、符号和价值观，被称为社会想象。不过，安妮·巴尔萨莫（Anne Balsamo）对想象力的理解更多是具体到技术领域，她称之为"技术想象力"。

前　言

在《设计文化》（*Designing Culture*）一书中，巴尔萨莫将技术想象力描述为"一种思维方式，它使人们能够用技术进行思考，将已知转化为可能。这种想象力是表演性的：它在约束条件下随机应变，创造出新的东西"。在她看来，技术想象力是一种描述人们对技术的主观理解与集体观念和实践相关联的方式，而这些集体观念和实践塑造了技术变革过程和日常生活。巴尔萨莫从"技术文化研究"传统中发展了她的技术想象力理论。其基本前提是，技术和文化并不是两个独立的现象，不能单独研究它们对另一个现象的影响，它们是共同构成人类境遇的单一现象。没有技术就没有文化，没有文化就没有技术。此外，通常被认定为技术对象的东西并不仅是表达人类意愿的中性工具，它可以用于或积极或消极的目的。技术是材料、价值观、意义、情感、习惯和实践的复杂组合。技术既体现了其发明的文化和历史背景，同时又以有意和无意的方式促成了文化生活的生产、再造和变革。这就是巴尔萨莫所说的"技术文化"。

从这个角度看，技术创新的过程对于人们如何理解未来至关重要，也许更重要的是，对于创造不受技术变革框架限制的另一种未来的可能性和局限性至关重要。巴尔萨莫写道："技术文化的创新过程是两个关键实践的舞台：（1）技术想象力的发挥；（2）文化再造工作。"文化再造是维持日常生活结构的一系列实践。她解释道：

正是通过发挥技术想象力，人们在物质世界中耕耘，为未来世界创造了条件。在人类与技术元素的积极互动中，通过发展新的叙事、新的神话、新的仪式、新的表达方式和新的知识，文化也被重新塑造，从而使创新变得更有意义。

未来世界的创造不仅适用于新技术的生产者，也适用于新技术的营销者和消费者。在我们当前的时代背景下，技术变革的主要特征是，"技术变革是普遍的"这一具有历史偶然性的假设被高科技行业不断复制。升级文化意味着人们要基于技术变革是快速、永久和必然的这一普遍假设来安排日常生活——这种安排对文化想象中技术与未来之间的紧密联系有着深远的影响。在《未来的历史》（*The History of the Future*）一书中，詹姆斯·凯里和约翰·奎克写道，"未来"并不是人们后来发现的，而是一种：

文化策略，它通过指定手段推动、动员或唤醒人们实现预定的目标，这样做会有选择性地删除过去，忽略现在的某些方面，并将矛盾的因素冠之以"过时"或成为文化滞后的例子。

他们在个人电脑诞生不到 10 年时撰文指出，未来主义的阐述方式有 3 种：重振公众对技术进步的信心、改写过去以实现意识形态预言以及通过数据和新兴通信技术代表公共领域的民主参与。而高科技行业则把上述 3 个方面联系在一起，试图使自己的产品成为人们想象未来时所必需的、无所不在的存在。

升级文化已经掌控了技术想象，并开始主宰文化生活，以至于快速、永久和必然的变革已成为不言而喻的道理。人们在商业、政治和生活中做出决策时，都假定新技术会快速、永久和必然地推出。巴尔萨莫写道：

此外，我认为那些从事技术创新的人不仅是参与创造了独特的消费品、数字应用程序、小工具和小发明，他们还参与了设计未来技术文化的过程。因此我断言，技术创新的真正意义在于随着时间的推移再造技术文化。

按照她的标准，"创新"更多时候是为现状服务，而不是为了实现其颠覆性和革命性的诉求。部分原因在于，新兴技术与以前的技术一样，再造着相同的权力形式和文化背景。因此，尽管在过去的 40 年里，"数字革命"带来了巨大的技术变革，但变革本身却成了一种常态保持不变，以确保维持人们对技术变革本身的理解和体验，这是相当具有讽刺意味的。很难想象，未来会走出这个新技术快速推出和淘汰的循环。真正的创新应该是打破循环，也就是颠覆升级文化。我们必须开发新的方式来想象未来的技术文化，因为我们目前的状况是不可持续的。

对消费技术行业技术变革速度的担忧催生了一系列有关电子废弃物或"电子垃圾"的研究。电子垃圾包括任何废弃的使用电子组件制造的设备或机器：废弃的台式电脑、笔记本电脑、手机、音响、显示器、打印机、电动玩具和其他电器，等等。电子垃圾研究的主要方法是研究废弃物对人类和环境造成的代价，以提高人们对其利害关系的认识。电子垃圾研究学者等已多次证明，快速淘汰对人类和环境造成了可怕的影响，在这些地方，废弃的消费电子产品每年以数千万吨累积。

　　另一些人，如芭贝特·B. 蒂施莱德（Babette B. Tischleder）和萨拉·沃瑟曼（Sarah Wasserman），则正确地提出了"在文化层面上"淘汰助长了全球消费资本主义的问题。他们从时间力量的角度对淘汰进行了理论化，而时间的力量具有持续性和超越性两个特点。随着时间的持续，"淘汰的东西将继续存在。旧习惯不再流行和使用，但不会消失"。所谓"超越"，就是相信"接下来的东西会比之前的有所改进"。我在很大程度上赞同他们的目标，即理解淘汰的文化模式的重要性。他们的方法是研究那些用残留的已淘汰物品制作成的东西中的情感和审美吸引力。我的兴趣在于技术变革在营销文化中的象征和情感，这种文化促进了新技术的快速、永久、必然的推出，同时也促进了上一代技术的淘汰。

　　我对这一学术领域的贡献在于，我特别关注新产品推出的过程，而不是旧产品淘汰的过程。淘汰模式需要旧的被新的替代，因此对淘汰影响感兴趣的学者同样应该关注这些替代方式的推出过程。我所说的"推出"指的是将复杂的全球产业组织起来并使其保持原有的生产速度所涉及的实践：设计、工程、制造、运输、分销和材料加工等。在我看来，在全行业范围内争夺合同和合作伙伴的营销行为，对于决定谁从谁那里购买什么、购买多少以及在什么条件下购买至关重要。如果希望打破新技术推出和淘汰的循环，就必须对推出过程进行干预。

　　本书将讲述一个不为人知的故事，即围绕摩尔定律所定义的快速淘汰，市场营销在消费技术行业所扮演的角色。威廉·乌里奇奥（William Uricchio）等学者过于强调消费者需求是电子垃圾产生的原因，并将摩尔定律描述得好像它是技术变革的本体条件。乌里奇奥写道：

但是，当今致使手机、相机、平板电脑、计算机和内存快速升级的更大动力首先并不是有计划的淘汰；相反，它来自基于摩尔定律的处理和存储能力的大幅而持续的提升以及我们自己对虚无缥缈的高级性能贪得无厌的需求。

摩尔定律并不是消费技术行业的企业发现并顺应的某种技术力量。正如我在第一章中详述的那样，摩尔定律是一种技术文化力量，由该行业创造出来且深信不疑，又不惜一切代价去维护它。在此，我赞同肖恩·库比特（Sean Cubitt）的观点，他在《有限媒体》（Finite Media）一书中指出，虽然生产和消费的力量难以区分，但我们必须将分析重点放在生产方面。在生产快速过时的消费技术时，厂商过于看重消费者需求，并把它视为决定性因素。但更常见的情况是，无论消费者是否愿意，他们都不得不升级到最新一代产品。供应链中企业之间的商品和服务营销方式在推动和维系生产中发挥着作用，如果不对这一点进行持续的批判性研究，那么就很难打破新产品快速推出和淘汰的周期循环。

将市场营销视为行业的结构性因素，而不仅是促销因素，可以填补以生产者为中心和以消费者为中心的技术变革叙事之间的空白。以生产者为中心的叙事侧重于发明和工业产出，而以消费者为中心的叙事则侧重于欲望和广告操纵。要保持新技术快速推出的节奏，就必须在个人、组织和地缘政治背景下大力行使和协调企业权力。迄今为止，关于 B2B 市场营销如何促进新技术推出和影响人们对技术变革的日常体验，这方面的批判性研究还很少。我们可能很难理解组件制造商和计算机制造商之间的微处理器芯片买卖如何重塑了人们对技术变革的体验和理解。然而，这方面的研究是至关重要的，因为它们影响了科技行业的整体运行。

事实上，要想代表那些受制于市场关系但又无法对市场关系产生有意义影响的人建立联盟并制定政治议程，就必须更好地理解行业权力的进程。如果经济一切照旧发展，实则不可持续。企业、消费者或政策制定者等若希望改变这种状态，就必须了解终端营销和 B2B 市场营销是如何促成新技术的快速推出和淘汰的。

市场营销与制造市场

我的立场是，市场营销是一种文化经济实践，它生成、再造并改变了个人或组织之间的企业权力关系，从而在价值生产网络中构建交易体系。保罗·杜盖（Paul DuGay）和迈克尔·普莱克（Michael Pryke）以及阿什·阿明（Ash Amin）和奈杰尔·思里夫特（Nigel Thrift）在文化经济领域的早期研究为这一新兴研究领域指明了重要的发展道路，即文化与经济不是相互独立的领域，而是相互构成的。西莉亚·卢瑞（Celia Lury）、莉兹·麦克福尔（Liz McFall）、亚当·阿维德森（Adam Arvidsson）和唐·斯莱特（Don Slater）对市场营销、品牌塑造和广告等战略传播实践在创造市场交易条件方面的重要性发展出了丰富的理论。麦克福尔简明扼要地指出，"广告是一种由若干要素构成的实践，始终不可避免地包含了文化和经济要素"。在他们的研究基础上，我将市场营销一词作为一个概括性术语，涵盖了包括品牌、广告和公共关系在内的一系列实践，以表明其具有"制造市场"的文化经济功能，它在整个行业层面上影响了资源、要素和服务的流动。

为了理解市场营销是如何影响行业运行的，我们还必须认识到，终端营销和 B2B 营销是相互关联的实践，它们决定了购买方、销售方、购买内容和购买条件。大量跨学科的文化理论正确地将面向消费者的广告作为文化经济生活的分析中心，却忽略了B2B 营销在扩散消费者需求方面所发挥的重要作用，也忽略了B2B 营销在组织供应链中的合作伙伴关系方面所发挥的重要作用。终端营销和 B2B 营销都极大地塑造了消费者与行业的关系，而不仅是消费者和某个特定公司或特定产品的关系。广告和营销在很大程度上被视为强大的沟通工具，企业使用这个工具来促进消费者购买其产品，并将产品融入消费者的生活和身份认同。然而仅就国内生产总值（GDP）而言，近一半的消费活动发生在企业之间。2018 年美国终端市场营销支出约为 1500 亿美元，而根据米勒联合公司（Miller Associates）的数据，B2B 市场营销支出"几乎与此相当"。B2B 营销对消费文化结构的影响规模和范围应该成为广告和消费主义研究者们迫切关注的问题。然而，尽管 B2B 营销对当今全球资本主义的运行至关重要，却很少得到批判性的关注。

在《B2B 营销：战略方法》（*Business-to-Business Marketing: A Strategic Approach*）一书中，迈克尔·H. 莫里斯（Michael H. Morris）、厄尔·D. 霍尼克特（Earl D. Honeycutt）和莱兰·F. 皮特（Leyland F. Pitt）将 B2B 营销定义为"创建和管理组织型供应商与组织型客户之间的互利关系"。这一定义包含 3 个基本要素：关系的建立和管理、关系对双方互利、组织型供应商和客户之间存在关系。首先，"组织型供应商与组织型客户"直截了当地表明商业交易发生在两个企业之间。其次，"创建和管理"强调了 B2B 营销的主要功能是与其他公司建立长期可管理的关系。一旦一家公司找到了关键零部件的可靠供应商，双方都会努力维持这种关系。原始设备制造商，如联想公司，依赖于像英特尔这样的供应链合作伙伴，为自己提供预定数量、质量和交货期的材料和组件。最后，"互利"指的是共同创造价值。在供应链中，每家公司都为零售商品的生产做出了贡献，从而都参与了终端消费者价值的共同创造。B2B 市场研究公司 B2B 国际（B2B International）解释说："因此，B2B 营销是为了满足其他企业的需求，尽管为满足这些企业而生产的中间品的需求根本上源自家庭消费者的需求。"B2B 国际不遗余力地在其网页上创建了详细的清单和附图，以清楚地说明我们需要把 B2B 市场理解为以终端消费者为终点的价值链的一部分。

　　描述这种 B2B 市场机制的经济学术语是衍生需求。衍生需求解释了对供应链中每项服务和零部件的需求是如何从出售给终端消费者的所有包含了这些零部件的最终产品中衍生出来的。针对终端消费者的零售营销活动可以刺激消费者对新产品的需求，但对于材料和零部件制造商来说，需求总是有限的。我们可以用一个假设的例子说明这一点。英特尔向联想出售微处理器芯片的最大数量受到联想向消费者出售的个人电脑数量的限制。但英特尔不仅卖给联想，还卖给戴尔、惠普、苹果和许多其他的原始设备制造商。这意味着，英特尔最多能卖出多少芯片，取决于所有原始设备制造商销售的个人电脑总数量。然后，英特尔与超威公司（AMD）等其他微芯片制造商争夺其中的份额。传统上，这就把管理 B2B 关系的绝大部分权力交给了原始设备制造商，由他们向终端消费者［或通过百思买（Best Buy）等零售分销商］销售产品，并对供应链上游的材料和服务提供商提出需求。由于原始设备制造商可以选择由上游哪家公司为其提供零部件，因此他们可以控制需求，并对零部件供应商施加影响。每一个为产品做出贡献的企业，无论它们处于供应链的哪个环节，都会受到终端消费者销售范围的限制。简而言之，如果原始设备制造商销售的新产品不多，对处于供应链上游的商品和服务的衍生需求就会枯竭。

B2B 营销与终端营销之间还有一些重要的区别需要预先说明。一般来说，与终端营销相比，B2B 营销的规模更大，面向的潜在客户数量有限，需要与组织内的多个利益相关者进行更长时间的沟通。B2B 营销教科书几乎总是列出或解释 B2B 与终端营销之间的区别。根据维塔莱（Vitale）、吉利埃拉诺（Giglierano）和普弗尔茨（Pfoertsch）对 B2B 学术研究的综述以及对 B2B 营销教科书的查阅，B2B 和终端营销之间的区别一般有 3 个：市场结构、购买行为和营销实践。市场结构有本质区别，因为 B2B 市场的潜在客户数量要少得多。正如一家材料制造商的资深营销人员所解释的那样：

在消费市场，如果有人买了你的产品但不喜欢，他们就会离开。但总有另外 100 万人可能想买你的产品。你的目标是占总数的某个百分比。而在 B2B 市场上，要想取得并保持成功，你必须在客户群中占有更大的比例，才能维持下去……你的目标不是200 万人，而是 600 万人。

当营销人员试图吸引终端消费者购买其产品时，除了极少数例外情况，他们只需要说服一个人做出选择。然而，针对组织的营销则需要说服不同级别的多个利益相关者，让他们相信产品能解决他们每个人的独特痛点。这就导致企业平均需要 6 到 18 个月的营销活动才能得到订单，或者企业的整个营销活动都是为了让一家大客户更换服务提供商。终端消费者每天要面对来自数百家公司的成千上万条营销信息，而 B2B 客户则要对产品进行测试、审查和演示，然后才能决定是否该选择这个供应商。终端消费者是基于自己的生活需要、身份或欲望做出决定，而 B2B 客户则是代表企业做出决定，以保住自己的饭碗。

那么，当消费者的需求在整个供应链中扩散时，会发生什么情况？比如说，终端消费者要求微处理器芯片使用的矿物质来源更符合道德标准，那么这种需求是如何在整个行业中扩散开来的呢？为研究整个行业如何转变并应对此类需求，批判性地研究 B2B 营销就是一种方法。激发这些关系的企业权力形式并不总是直截了当。消费者要求更多符合道德标准的材料，并不意味着一个行业可以在消费者关注的时间范围内做出回应。与终端营销相比，B2B 营销通常需要更长的时间和更大的购买规模。这是一个至关重要的区别。因为当消费者要求更多道德生产的产品，或环境可持续的产品时，任何行业的回应都必须与原有的合同结构相抗衡。即使企业想真诚努力地应对此事，这些合同结构很可能是多年形成的，并且可能需要更长时间才能改变。尽管关于提升市场灵活性和效率，人们说得很美好，但由于合同的惯性、相互依存的合作伙伴关系以及既定的价值协同生产模式，B2B 交易网络的变革可能非常麻烦。在许多情况下，消费者对社会或可持续发展目标的期望与行业的短期可行性之间存在着巨大的脱节。从更全面的角度看待市场营销，同时考虑终端营销和 B2B 营销功能，可以揭示一个行业中适用的价值网络的组织模式和权力杠杆，从而帮助企业更加战略性地满足需求。

由于 B2B 营销主要存在于行业性活动、贸易出版物、产品目录或充斥着统计数据和技术数据的销售手册中，因此往往不为大众所知，也无法进行批判性探究。我同意以下观点：B2B 营销让消费者现场参与展会、行业活动和其他活动有相当大的困难，但行业期刊、行业活动的新闻报道和公开报告是消费者容易获得的信息来源。公众参与途径少只是缺乏对 B2B 营销的批判性参与的原因之一。另一个原因可能是学术界普遍关注公民–消费者和生产者–消费者二元论，将营销实践降级为与生产截然不同的促销宣传。然而，B2B 营销远不止促销这么简单，我们需要将其作为生产过程的一个构成部分加以研究，因为它促进了价值共创网络中企业之间商品和服务的交易。

本书结构

本书将追溯升级文化的起源、传播、维持以及对营销工作的影响。这些章节以粗略的时间顺序编排，通过关注消费技术行业的结构性问题和营销工作文化的内在问题，描绘了技术文化变革。我借助了各种实证研究方法，包括原始资料档案研究、二手历史资料研究、行业和大众媒体研究、行业活动中的参与式观察以及对营销专业人士的深度访谈。我在行业活动中对数十名营销工作者进行了非正式访谈，并对咨询类公司和生产企业中从事执行、战略和创意工作的营销专业人士进行了 18 次深度访谈。我还提供了一个业内人士的视角，因为我在市场营销、品牌塑造和多媒体活动设计方面拥有超过 15 年的经验。此外我还对这一主题进行了批判性研究。本研究从哈里·布雷弗曼（Harry Braverman）的经典著作《劳动与垄断资本主义》（*Labor and Monopoly Capitalism*）中汲取灵感，本书是对全球资本主义文化和技术力量不断变化的一个特定时刻的审视，它基于我在 21 世纪初在一家品牌设计公司担任平面设计师和艺术总监时的职业经历以及从那时开始的对营销、技术和未来问题的探索。

第一章解释了升级文化的核心假设，即技术变革是快速、永久、必然的，是如何在过去 40 年里由消费技术行业的营销人员——其实就是英特尔公司的 B2B 营销和销售团队——创造出来的。通过各种营销行为，英特尔将其快速的产品更新和淘汰速度（即摩尔定律）转化为消费技术行业的组织原则。从 1980 年英特尔的"粉碎行动"开始，英特尔利用 B2B 市场营销拿到了国际商业机器公司（IBM）第一台个人电脑微处理器芯片的供应商合同。其后英特尔又复制了和 IBM 合作的这种策略，利用粉碎行动成为微处理器芯片行业的标准供应商。然而到了 20 世纪 80 年代末，IBM、惠普和康柏（Compaq）等原始设备制造商开始拒绝购买英特尔的最新微芯片，选择继续购买功能较弱的老一代芯片。作为回应，英特尔向原始设备制造商施压，要求他们购买其最新、最快的芯片，并指导终端消费者选择英特尔的最新芯片，还"教育"消费者，选择装有英特尔品牌芯片的个人电脑比选择个人电脑的品牌更重要。

从 1991 年到 2018 年，英特尔在营销活动中投入了 380 多亿美元，在 20 世纪 90 年代和 21 世纪前 10 年实现了对微处理器芯片供应的实际垄断。英特尔通过直接胁迫、有条件地控制产品开发信息或付钱让客户专门向其购买等营销策略维持了垄断地位。通过迫使原始设备制造商以英特尔生产微芯片的速度销售新计算机，英特尔改变了行业的力量平衡，从原始设备制造商驱动转向英特尔和其他微处理器芯片供应商驱动。如果没有英特尔的垄断，原始设备制造商可能仍会对其供应商的芯片生产条件指手画脚，而不是相反。如今，摩尔定律既是一种商业模式，也是整个行业需要坚持的象征性目标。尽管如此，消费技术行业在这一时期的扩张及其同时产生的文化影响，还是帮助摩尔定律的核心——快速、永久、必然的变革——转变成了技术想象中理解变化的主流方式。

第二章描绘了以技术变革观念为核心前提的 3 个社会生活领域中不断变化的实践范例：媒体、世界博览会以及科技投资。尤其是电影，在将新兴技术融入制作和展示未来技术方面有着悠久的历史。从 20 世纪 70 年代到 90 年代的科幻电影和电视都设想了机器人、通信、交通以及社会和政治重组方面的巨大技术变革。然而，这些媒体在展现这些技术进步时，主要使用的是制作时常见的计算机界面，如全键盘和阴极射线管显示器。而到了 21 世纪初，计算机界面的合理改进成为未来主义科幻作品的新标准。该类型的编剧、导演和制片人一再声称，考虑到变革的速度，如果不表现出比制作时更先进的计算机界面，就无法象征未来。

2017 年哈萨克斯坦阿斯塔纳世界博览会选择了"能源的未来"这一绿色主题，而美国馆传递的信息是，人类可以通过创新的未来技术解决气候变化问题。世界博览会展示未来技术的历史可以追溯到 19 世纪英国女王维多利亚和（其丈夫）阿尔伯塔亲王于 1851 年举办的世界博览会。此后，世界博览会成为国际社会重要的外交活动。在 2017 年世界博览会上，115 个参展国中的绝大多数都宣传了本国在风能、太阳能、水能、地热能和生物能生产技术方面的进步，以及根据 2015 年《巴黎气候协定》制定的经济和社会一体化战略。美国的主题"我们是无限能量之源"借鉴了丰饶主义生态经济学，将技术变革过程本身重新定位为气候变化问题的解决方案。这样做是将快速、永久、必然的技术变革理念——而非该进程的任何具体结果——作为美国的国家认同和政策立场。

硅谷过去 20 多年最受瞩目的两家科创企业揭示了升级文化对投资行为的影响。分析师和优步公司自己都指出，即使在 2019 年上市前投资了 250 亿美元，优步赢利的唯一途径还是在未来 10 年内实现从人类驾驶到自动驾驶出租车的升级。与此同时，优步在成为上市公司的头两年就亏损了 151 亿美元。希拉洛斯（Theranos）是一家成立于 2003 年的"开创性"的血液分析公司，曾是硅谷的宠儿，其创始人伊丽莎白·霍尔姆斯（Elizabeth Holmes）也曾是颠覆性医疗保健技术的代言人。这家公司看似充满传奇色彩，历经 12 年，投资 7 亿美元，估值 90 亿美元，与沃尔格林（Walgreens）等全国性品牌高调合作，董事会中政界和军界领袖云集。而《华尔街日报》调查记者约翰·卡雷鲁（John Carreyrou）揭露，他们的升级版血液检测技术从未真正存在过。这些对尚未发明的技术的投资不仅是在追逐"下一个风口"，它们其实更是对新技术将快速、永久、必然出现这一理念的投资，但这次是看目的。

第三章介绍了美国消费技术协会如何通过一年一度的 CES 展会来维持升级文化。通过对 2014 年和 2018 年 CES 的参与式观察和访谈，我展示了这个行业专属展会是如何维持快速、永久、必然的技术变革假设的。美国消费技术协会将 CES 打造成"未来"，以便将新兴技术与未来性联系起来，而对展会的新闻报道则向公众强化了技术变革是快速、永久、必然的理念。对这些"未来愿景"的新闻报道使终端消费者对行业即将推出的新设备充满期待，但 CES 的真正工作是创造销售机会、分发营销材料和建立联系。我写了展会花絮，详细描述了参展商和与会者不为人知的经历，描述了 CES 上的日常营销工作，这些工作保持了该行业新产品快速推出和淘汰的节奏，总体上强化了其产品作为未来标志的地位。

松下、索尼、英特尔和高通等大品牌搭建了巨大的展台，旨在吸引媒体的关注，但成千上万的小型制造商、分销商和供应商却在展会上忙忙碌碌，以实现他们的营销目标。从排长队买食物、在垃圾桶旁打盹儿，到在空荡荡的走廊里漫步寻找销售机会、追逐人流而不是媒体的关注，市场营销人员以公众看不到，却对行业生产节奏至关重要的方式，在自己的工作岗位上兢兢业业。尽管如此，面向公众的展会不仅为公众提供了一个了解"未来商业"的窗口，也为公众施加压力干预消费技术行业的营销工作文化提供了可能。具体来说，在 2014 年至 2018 年期间，我观察到公众要求营销中停止使用比基尼模特（俗称"展台美女"）的压力改变了 CES 文化。职业装的趋势标志着，在 CES 上女性开始被展现为专业人士和新兴技术的创新者，而非性感化的装饰品。

第四章是对市场营销专业人士的访谈，描述了他们在营销工作中对升级文化的复杂而矛盾的反应。我重点介绍了他们的个人故事，在升级文化中他们需要对创意制作能力进行再培训，以数据驱动的思路重新设计营销活动，以及营销人员在新兴技术中寻求解决方案来处理对其工作价值的长期焦虑。市场营销领域的创意制作人员曾经使用手工技能和高度专业化的设备来设计和编辑宣传材料。随着个人电脑、软件和其他消费类电子产品融入市场营销工作，旧技能被淘汰，取而代之的是营销人员要不断重新学习，以跟上新的软件和硬件工具。与产业工人的"去技能化"将权力集中在管理层不同，对白领技能的更新要求是将权力集中在科技行业。

商业升维
技术变革与文化升级的影响

　　在营销工作中引入数字设备，也让营销人员获得了有关受众行为的廉价数据，从而重塑了以数据为导向的营销活动设计。营销人员以前是围绕传播目标和创意设计来策划营销活动的，而廉价数据和分析的浪潮让小型企业营销人员获得了以前无法企及的市场研究信息。现在，数据测量的内容可以驱动营销活动的设计策略。升级文化也让营销人员从新兴技术中寻求解决方案，来调整他们长期以来普遍存在的焦虑，即如何证明自己对公司收入的贡献。营销人员报告说，他们的技能和劳动价值受到了来自聘用者、同事、客户的一致质疑。在 2014 年和 2019 年的访谈中，他们都描述了最新的技术——先是大数据，后是营销人工智能——将如何成为最终证明他们工作价值的技术。

　　在结论部分我总结了自己的论点，并简要讨论了在行业和组织层面挑战升级文化的实例。在行业层面，在活动家们的成功游说下，2010 年《多德–弗兰克法案》（*Dodd-Frank Act*）中加入了一项条款，强制在刚果民主共和国开展业务的公司披露其金、钨、钽和锡的使用情况。这些矿产被称为"冲突矿产"，它们是半导体微处理器芯片的重要原材料，而芯片则是数字设备处理能力的核心。在这 10 年间，尽管进展缓慢，但透明度的提高已开始将矿山的控制权从原来控制矿山的当地军阀手中转移出来。这种对国际贸易的监管正迫使该行业正视其所助长的一些暴行。在组织层面上，B 型公司（共益企业）是有别于 C 型公司（可上市公司）或 S 型公司（类似于合伙制企业）的一种名称，它要求公司将员工福利、可持续发展实践和社区参与置于短期利润之上。诸如此类的监管和法律手段正在改变着企业的"惯例"做法。

归根结底，本书要介绍的是个人和组织在技术变革是快速、永久、必然的这一假设前提下所做的事情。它追溯了这些假设在消费技术行业营销实践中的起源，以及它们在技术想象中的传播。本书讲述了当前关于技术变革的假设如何削弱了人们想象另一种繁荣未来的能力，这种未来不再被层出不穷的新兴技术所定义。我们必须想象另一种未来。但要做到这一点，我们必须首先通过探索升级文化是什么以及它是如何形成的，来挑战人们对技术变革的普遍假设。

目录

第一章　建立技术变革的假设 ……………1

第二章　升级文化的传播 …………………41

第三章　来自 CES 的未来愿景 …………95

第四章　升级文化中的营销人员 ………133

结论　挑战升级文化 ……………………171

第一章

建立技术变革的假设

2016 年，时任英特尔首席执行官的布莱恩·科再奇（Brian Krzanich）在纽约举行的伯恩斯坦战略决策会议（Bernstein Strategic Decisions Conference）上表示：

个人电脑的更换周期已经延长。以前的平均周期是 4 年，现在已经延长到 5~6 年。英特尔需要加大力度，推出正确的创新产品，从而促使人们快速、轻松地升级个人电脑。

他接着指出："现在，换一个新手机比换一个新计算机更容易。我们必须解决其中的一些问题。"30 多年来，英特尔一直走在消费技术行业升级步伐的最前沿。然而在 20 世纪 70 年代，英特尔还只是计算机制造商的组件供应商。从 20 世纪 80 年代到 21 世纪初，英特尔通过将基于摩尔定律的商业模式转变为整个消费技术行业的组织原则，成为世界上强大的公司之一。作为一种组织原则，摩尔定律创造了新产品推出和淘汰的速度，设定了消费者对新数字设备的期望，协调了组件和软件开发在处理能力方面的预期收益，将组织的研发资源导向一个共同目标，激励个体挑战他们眼前的障碍，甚至在行业领导者看来，它推动了技术进化，并产生了深远影响。

摩尔定律始于 1965 年英特尔联合创始人戈登·摩尔的一项

观察：根据当前的趋势，工程师们可以合理地预期，在可预见的未来，微芯片上的晶体管数量将每 18 到 24 个月翻一番（Jackson 1998，Yu 1998，Malone 2014）。1968 年，当摩尔和同事罗伯特·诺伊斯离开仙童半导体公司（Fairchild Semiconductor）创办英特尔公司时，他们开始将摩尔定律从工程观察转化为商业模式。在英特尔正式成立的第一天，他们聘用了同为仙童公司的叛逃者的安迪·格鲁夫（Andy Grove），"英特尔铁三角"就此成立了。摩尔、诺伊斯和格鲁夫的组合构成了英特尔的核心领导层，在他们的管控下，英特尔在 2000 年代中期的规模和影响力不断扩张。1985 年，当格鲁夫和摩尔决定将公司的重点从内存转向微处理器芯片时，他们的一个重要决定是将摩尔定律整合进财务战略和企业实践中。几乎所有关于英特尔成功的流行商业报道都将摩尔定律及其微处理器芯片作为英特尔故事的中心。这些作者认为，无论是来自竞争压力还是卓越的领导力，英特尔都通过一种僵化的企业文化保持了处理能力的指数级增长，这种文化最终被他们推广为"滴答"（tick-tock）生产模式。[1]

作为一种商业模式，摩尔定律是产品开发的核心规划工具，它将英特尔锁定在微处理器设计和制造的快速循环中。他们将

---

[1] "滴答中的滴"代表前一年芯片制造工艺的进步，而"滴答中的答"则代表下一年微芯片架构设计的进步（Intel 2019b）。

大部分资源投入到研究、设计和升级微芯片制造设备上。实际上，每一种新的微芯片架构设计都需要新的制造工艺，以便将越来越小的半导体材料制造成微处理器芯片。因此，英特尔的收入来源依赖于通过让客户——计算机制造商，也称为原始设备制造商——按照英特尔设计和翻新芯片的速度购买最新一代的微芯片，来收回对下一代微芯片的投资。

作为一项组织原则，摩尔定律将快速、永久和必然的变革假设融入了技术想象之中。为了使摩尔定律成为消费技术行业的组织原则，英特尔必须首先说服原始设备制造商根据英特尔的微芯片架构设计他们的计算机。除了极少数例外，原始设备制造商对供应链拥有很大的控制权，因为它们与终端消费者的直接关系使它们能够通过选择不同的材料和组件供应商，将消费者对个人电脑的需求扩散到整个行业。蒂莫西·J. 斯特金（Timothy J. Sturgeon）指出，资本和技术密集型产业，如消费电子产品和汽车，往往由生产商控制。这意味着，当供应链复杂而昂贵时，向终端消费者销售产品的公司就决定了供应链的特性。在个人电脑行业的早期，IBM 和康柏等原始设备制造商处于最有利的地位，可以选择由哪些公司为其生产微处理器芯片或操作系统等组件，而且可以决定供应商为其生产何种产品和生产多少产品。因此，在资本和技术密集型行业中，组件供应商（如英特尔公司的微处理器芯片）占据主导地位的情况十分罕见。然而，英特尔最终还是颠倒了自己与原始设备制造商之间的权力关系，从而控制了原始设备制造商购买其微处理器芯片的交易。结果是，来自半导体微处理器芯片的摩尔定律成了数字时代的铁律。

英特尔公司通过合法的营销策略和反竞争的商业行为，确保了其在供应商中的主导地位。到 20 世纪 80 年代末，英特尔芯片已成为个人电脑的标准硬件，这些个人电脑是根据 IBM 的原始设计克隆的，但原始设备制造商拒绝购买英特尔的最新芯片，因为他们认为个人电脑的消费者不需要额外的处理能力。为了让原始设备制造商购买其最新的微芯片，英特尔于 1991 年开始了"本机内部使用英特尔处理器"的宣传活动。其战略是将传统的 B2B 营销和销售策略、合作广告和直接面向消费者的终端促销活动相结合，通过上游供应商的影响力和下游消费者的需求，两头施压，将原始设备制造商守住。

在 20 世纪 90 年代，面向终端消费者的广告使英特尔的品牌深入人心，但这只是英特尔控制原始设备制造商采购微芯片战略的一个方面。按照常规，终端广告会吸引消费者直接购买所促销的最终产品。然而，英特尔却指示消费者购买英特尔的产品，而不是 AMD、德州仪器（Texas Instruments）和赛瑞克斯（Cyrix）等竞争芯片公司的产品，因为微处理器是"计算机中的计算机"。"本机内部使用英特尔处理器"的活动成功地"教育"了消费者，使他们认识到微芯片的品牌比个人电脑的品牌更重要。他们还通过一项合作营销计划，鼓动原始设备制造商在自己的广告中宣传英特尔①，该计划为原始设备制造商自己的广告提供补贴——只要他们购买足够多的英特尔微芯片。这项合作计划最终成为英特尔垄断市场数十年的筹码。通过该计划，英特尔在整个20世纪90年代和21世纪初形成了对微处理器芯片供应的实际垄断。

升级文化发展的一个关键时刻，是摩尔定律从一种商业模式变成了一种组织原则，因为英特尔垄断了微处理器芯片的供应，使其与原始设备制造商之间的权利发生了倒置，不再是由个人电脑制造商通知英特尔为自己的计算机生产哪种芯片，而是由英特尔决定原始设备制造商应采购哪种芯片。甚至基于升级文化，英特尔可以决定个人电脑公司以多快的速度为消费者升级计算机。如果没有英特尔的市场营销和垄断，原始设备制造商可能仍会对其供应商的芯片生产条款发号施令，而不是相反。结果，不仅芯片架构、个人电脑设计和软件互操作性实现了标准化，而且整个消费技术行业的技术变革步伐也实现了标准化。

除了技术层面，如今摩尔定律还在象征和情感方面发挥着影响。它对行业和个人都具有激励作用。按行业领袖们的说法就是摩尔定律是值得相信的。他们强调，摩尔定律激励人们进行创新。摩尔定律还以竞争和合作的方式，将遍布在世界各地的各种机构组织调动起来。尽管自20世纪90年代以来，评论家和分析家就一直宣称摩尔定律即将（和濒临）消亡，但它现在已成为一

---

① 即加上"intel inside"。——编者注

个行业的组织原则，即企业将会永远销售下一个伟大的产品。

英特尔和升级文化的故事不仅是促销宣传，刺激人们对下一次升级的渴望。英特尔的市场营销重构了消费技术行业的企业权力组织，使自己成为该行业最兴盛的几十年里决定变革步伐的关键公司。以摩尔定律作为象征性的、情感性的和实际运转的核心，消费技术行业从业余兴趣的小圈子文化发展成了文化巨头，取代了人们以往对技术变革的理解。过去，技术变革被理解为零星的、间歇性的，而摩尔定律则赋予了它快速、永久、必然的指数曲线的变革形式和节奏。如今，消费技术行业的组织方式使技术变革变得快速，因为所有设备都采用了按照摩尔定律的节奏生产的微芯片；技术变革变得永久，因为它们的商业模式建立在消费者定期置换的基础上；技术变革变得看似必然，因为它作为资源密集型行业的结构指定了消费者需要遵从的条件，而不是对消费者的需求做出回应。简而言之，英特尔将摩尔定律从工程观察转化为一种商业模式，成为一个行业的组织原则，重塑了人们对技术变革的理解和体验。

营销摩尔定律

自 20 世纪 90 年代中期以来，流行的商业期刊一再用"历史伟人"的说法来描述英特尔，几乎将英特尔的成功完全归功于戈登·摩尔、罗伯特·诺伊斯和安迪·格鲁夫的天才之举。然而，

商业升维
技术变革与文化升级的影响

英特尔的崛起取决于众多历史、技术和文化条件，如消费技术行业的形成、个人电脑作为一种"新"消费产品的出现、国际反垄断法规，以及决定公司间采购决策的企业权力形式。

英特尔的故事最重要的一个方面在于个人电脑行业初创时期形成的供应链伙伴关系。有两位学者指出，在 20 世纪 80 年代，个人电脑行业的微处理器芯片供过于求。在谈到英特尔公司时，他们声称：

据我们所知，没有任何一家公司像英特尔那样倾注心血和资源来思考平台问题，以及如何为（几乎）所有人做大"蛋糕"，同时在一个蓬勃发展的公司生态系统中保持领导地位。

平台问题是指由于技术、生产或销售实践脱节而造成的行业内的不稳定因素。由于软件和硬件组件必须经过精心设计才能在个人电脑中协同工作，因此各组件、设备和软件制造商之间需要进行大量的协调工作。英特尔和其他芯片制造商在向原始设备制造商推销产品时，明确提出了在个人电脑平台上进行长期产品集成和设计的目标。

英特尔无疑是斯特金所称的"供应商力量"的一个罕见案例。根据他的说法，即使平台领导力极强，供应商对原始设备制造商的影响力也是有限的。他写道："英特尔并不决定最终产品在哪里生产、生产数量多少以及在哪些公司之间分工。"虽然英特尔对原始设备制造商的影响范围难以知晓，但反垄断调查清楚地表明，英特尔确实主导了原始设备制造商购买微处理器芯片的方式，从而对原始设备制造商的产品开发施加了巨大影响，英特尔同时采取了多种胁迫性营销手段阻止原始设备制造商购买竞争对手的产品。他们还通过返利计划鼓励大型个人电脑制造商超额购买芯片，从而创造灰色市场利润。这样，英特尔不仅利用供应商的影响力确保了绝大多数个人电脑采用英特尔芯片，而且确保了原始设备制造商根据摩尔定律升级个人电脑，因为他们只能从英特尔购买芯片。

大多数人认为，英特尔之所以能成功控制该平台，是其营销努力的结果，而非技术优势。在零售环节，一个好的营销活动会说服消费者选择本公司的产品而不是竞争对手的产品，而一个真正优秀的营销活动则会说服消费者做出复购选择以实现品牌忠诚。然而，在 B2B 营销的环境中，好的营销活动有助于销售团队获得长期的产品或服务供应合同。由于对英特尔微芯片的总需求来自个人电脑的总销量，因此，锁定独家合同为原始设备制造商提供关键组件，就意味着芯片制造业竞争对手的潜在客户变少。从这个意义上说，B2B 市场营销是一种零和博弈，企业争夺的是少数潜在客户，而不是终端市场所特有的开放的大量潜在消费者。

为了取得领导地位并发挥供应商的力量，英特尔开展了两项重要的营销活动——"粉碎行动"和"本机内部使用英特尔处理器"活动。粉碎行动主要发生在 1980 年，是一场传统的 B2B 营销活动，有助于巩固英特尔芯片架构成为新兴个人电脑市场的标准这一重要地位。粉碎行动之所以成功，主要是因为他们的营销和销售工作说服了原始设备制造商（最重要的是 IBM），让他们相信英特尔芯片系统的易集成性比单纯的产品性能更重要。"本机内部使用英特尔处理器"活动始于 1991 年，是一项非传统的 B2B 营销活动，因为它在 B2B 合同谈判中将终端消费者作为采购的影响者。在过去的 30 年里，英特尔为"本机内部使用英特尔处理器"（原文为"intel inside"）活动投入了约 380 亿美元，以发展其垄断地位，并保持其在笔记本电脑和台式电脑微处理器芯片供应方面的领导地位。这两项运动都采用了强硬但完全合法的策略，如利用就业不稳定带来的组织压力，确保各种规模的企业从最大、最知名的品牌中采购。如果仅把这些营销活动看作是促销宣传，就会忽略英特尔的营销和销售策略在消费技术行业迅速扩大范围和影响力的同时，也重塑了该行业文化经济的交易规则。

粉碎行动

1979 年，在 8086 芯片销售不景气的情况下，英特尔开展了一项新的营销活动，名为"粉碎行动"。粉碎行动的目标是获得 2000 项"设计采纳"。设计采纳是指原始设备制造商同意使用英特尔的 8086/88 芯片架构设计他们的个人电脑。据时任微处理器和组件部门总经理的戴夫·豪斯（Dave House）称："摩托罗拉销售的是 68000，齐洛格（Zilog）销售的是 Z8000，而我们（英特尔）的 8086 在设计采纳的选择中通常排在第三位。"策略很简单，英特尔无法在价格或性能上击败摩托罗拉的芯片，因此他们宣传自己的芯片更容易与其他组件集成和升级。硅谷资深记者迈克尔·S. 马隆（Michael S. Malone）写道：

英特尔公司首席运营官安迪·格鲁夫命令他们（营销团队的成员）进入会议室，并要求他们在找到营销解决方案之前不得离开，因为令人难以置信的是，英特尔公司已经没有工程方面的突破，而这正是公司成立 10 年来面临的最大生存威胁。

多位专业人士都指出，这是企业文化的巨大转变，即从纯粹的工程技术转向市场营销。马隆写道："英特尔诞生时信奉的是卓越的技术将克服一切成功的障碍这一信念，现在却发现了营销和品牌的价值。这将是至关重要的一课。"作为向营销转变的一部分，英特尔将广告预算从几十万美元增加到 200 万美元，以支持"粉碎行动"。

1978 年的一则平面广告展示了英特尔在"粉碎行动"之前的营销方式（见图 1-1）。这则广告利用客户认可、产品信息和理性诉求传达了英特尔产品和服务的可靠性。这些信息着重强调了英特尔 8086 芯片对艾登控制公司（Aydin Control）业务的影响。具体而言，"在技术上超越竞争对手"的提法表明，升级是英特尔市场地位的核心。

"粉碎行动"团队发现了两方面的问题。一是，他们目前的市场营销过于关注竞争对手具有优势的芯片方面。二是，软件开发人员对个人电脑设计的影响超过了组织中的其他关键决策者。B2B 营销活动通常要针对组织内的多个受众，以确保一致的销售

"我们和英特尔的共同点——
对客户需求反应迅速。"

艾登控制公司总裁
I. 加里 · 巴德（I. Gary Bard）

"英特尔公司的 Intellec® 开发系统和 ICE-86
TM 内电路仿真技术，使我们能够利用 8086 迅速
开发出复杂的专用软件。

Intellec 系统帮助我们定制软件来响应大型原
始设备制造商的需求。在短短几天内，我们就能为
客户开发出独特的功能，将程序存储在可编程只读
存储器中，然后交付给现场使用。

事实上，这就是英特尔微型计算机和软件开发
工具的意义所在：以更经济的方式更快地提供解决
方案。"

I. 加里 · 巴德："我们通过认真倾听客户的意
见，为他们提供所需的配置和性能，从而在视频图
形市场上取得了主导地位。"为了做到这一点，我
们需要使用最先进的微型计算机技术。

"这就是英特尔的优势所在。他们一直在提供
'领先'的产品。更重要的是，他们明白我们的成
功取决于高水平的专有增值服务。因此除了硬件之
外，英特尔公司还一直为我们提供软件开发工具来
响应客户的需求。

以英特尔® 8086 16 位微型计算机为例。它
使我们在技术上超越了竞争对手。光栅图形
技术的最新发展受到显示器技术的限制，
只能显示 100 万个元素。正巧，8086 拥
有百万字节的寻址能力，这意味着屏幕上
的每个点都可以单独快速寻址。这样就为
我们为客户设计各种配置和性能提供了可能。"

英特尔 Intellec® 开发系统

英特尔微型计算机产品和开发系统可
以为贵公司带来与众不同的竞争优势。欲
了解更多信息，请联系当地的英特尔销售
办事处或经销商，或致函英特尔公司文
档部。

英特尔提供

图 1-1 英特尔 8086 产品平面广告（1978 年，图片 © 英特尔公司）

行动。每个受众都有独特的需求，因此必须解决每个人的"痛点"，才能让所有利益相关者相信，从你的公司购买产品符合他们个人和公司的最大利益。通过"粉碎行动"，英特尔锁定了工程师、采购负责人和首席执行官。营销团队重新定位了他们的战略，将重点更多地放在首席执行官和产品集成的便捷性上。"粉碎行动"的一个新颖之处在于，他们向首席执行官透露了原本应保密的专利产品开发计划。通过共享英特尔未来的芯片设计计划的信息，他们打破了研发保密的惯例。共享产品开发计划不仅有助于让首席执行官们相信英特尔的未来前景，也为原始设备制造商提供了一条协同开发设计的道路。

"粉碎行动"的关键时刻到来了，他们与 IBM 建立了设计合作关系，当时 IBM 正准备打开个人电脑市场。马隆解释说：

1978 年，他［唐·埃斯特里奇（Don Estridge）］向他的上司提出了一个想法：IBM 应该涉足个人电脑业务，哪怕只是为了在这一新兴产业火起来的时候占据一席之地。他被拒绝了。他被告知，IBM 的业务是开发真正的计算机，而不是一个"黑科技消费产品"。

将个人电脑视为黑科技消费产品也反映了，在个人电脑诞生之初，原始设备制造商认为计算机是一种面向企业的技术，对终端消费者用处不大。埃斯特里奇最终领导了 IBM 在佛罗里达州博卡拉顿开发个人电脑的秘密项目。阿尔伯特·虞指出，博卡拉顿的设计团队在个人电脑设计方面拥有广泛的权力，打破了 IBM

长期以来只使用自己专利组件的惯例。当英特尔销售员厄尔·惠茨通（Earl Whetstone）向埃斯特里奇推销"粉碎行动"时，令他震惊的是，埃斯特里奇"更感兴趣的是服务而不是性能，是英特尔对其多代处理器的长期承诺，而不是当前设计中的任何微小优势"。知名商业史学家艾尔弗雷德·钱德勒（Alfred Chandler）证实，在"粉碎行动"的所有设计采纳中，IBM 个人电脑采纳设计是消费技术行业历史上的关键时刻之一。

1981 年，IBM 推出了基于英特尔芯片架构和微软操作系统的个人电脑，迈出了"Wintel 双头垄断（Wintel duopoly）"的第一步，并最终成为行业标准。[①]IBM 允许其他制造商克隆其计算机并为其操作系统设计应用程序后，在接下来的 10 年中，基于 Wintel 的计算机将苹果个人电脑的市场份额从 90% 降至个位数。随着美国个人电脑拥有率从 1984 年的 8.2% 稳步增长到 2010 年的 77%，其中绝大多数计算机都采用了英特尔芯片。然而，即使终端消费者在 20 世纪 80 年代购买了更多的计算机，但快速升级处理能力的节奏尚未确立。事实上，正是由于在 20 世纪 80 年代末期英特尔对原始设备制造商抵制购买其最新一代的微芯片感到失望，英特尔才发起了第二次大规模营销活动——"本机内部使用英特尔处理器"活动。

_____

① Wintel 是微软"视窗"操作系统与英特尔组合的谐音。

第 一 章
建立技术变革的假设

"本机内部使用英特尔处理器"活动

1989 年，英特尔开始了史无前例的扩张，从专门面向企业的营销开始转向面向终端消费者。1991 年，英特尔公司推出了著名的"本机内部使用英特尔处理器"活动的广告，这是公司在终端消费者广告领域最雄心勃勃的一次尝试。"本机内部使用英特尔处理器"活动是一场针对正确受众的适时广告活动，也是一次精心策划的行动，目的是通过上游供应商的影响力和下游消费者的需求两头施压，将原始设备制造商守住。英特尔的做法是，在终端消费者的新个人电脑中制造对英特尔芯片的需求，然后控制这些芯片的供应。终端广告鼓励消费者购买装有英特尔最新微芯片的个人电脑，而整个 B2B 营销策略则是确保原始设备制造商别无选择，只能以英特尔开发新微芯片的速度生产个人电脑。然而，英特尔的反竞争商业行为不仅是一种巧妙的营销策略，它还确保了任何芯片制造业的竞争对手都无法破坏英特尔控制客户的能力。英特尔这样做的结果是促成了行业的权力转移，由原始设备制造商统治的行业转向由微处理器芯片供应商统治的行业。

在整个20世纪80年代，个人电脑市场在不断扩大和标准化，但整个行业远未协调起来。根据一种说法，当个人电脑行业规模较小时，由于大多数制造商都生产自己的组件，因此不会出现平台问题。随着行业的发展，开始有公司为计算机生产专用组件。由于专业组件制造商之间缺乏标准化，造成了行业领导地位的真空。钱德勒指出，尽管 IBM 是该行业最大的公司，但它已不能再引领行业的发展。虽然它保持着权威地位，但 IBM 将冒险的尝试留给其他公司，自己则从全球市场饱和中获利。因此，在 20 世纪 80 年代中期，个人电脑行业没有明确的领导者。英特尔不仅想领先，还想称霸，急于填补 IBM 领导力衰退留下的空白。英特尔准备通过开发功能日益强大的微处理器，最大限度地提高个人电脑的计算能力，但他们需要让整个行业跟上摩尔定律的步伐。

1989 年，英特尔出售了三种版本的 8086 系列微芯片：286、386 和 486。尽管当时英特尔早就推出了更新、更快的 386 芯片，并且刚刚将 486 芯片推向市场，但大多数原始设备制造商仍在购买英特尔的 286 芯片。英特尔公司的市场总监丹尼斯·卡特（Dennis Carter）发起了"本机内部使用英特尔处理器"活动，目的是利用终端消费者的需求向原始设备制造商施压，迫使他们生产使用新型 486 芯片的个人电脑。英特尔的这一战略旨在刺激终端消费者对其最新一代芯片的需求，因为对于英特尔所能设计和生产的产品而言，原始设备制造商采用新芯片的速度太慢了。[①] 这意味着，如果没有原始设备制造商愿意设计和销售基于最新升级的处理能力的个人电脑，那么即使英特尔每 18 到 24 个月生产出

---

① 消费技术行业的整体收入正在下降，因为消费者购买了产品，但没有重复购买。电视机和录像机等消费电子产品的市场已经饱和，尽管个人电脑的拥有量在不断上升。这意味着该行业正在寻找提高产品周转率的方法。

更好、更便宜、更快的芯片也无济于事。由于英特尔能够销售的芯片数量受限于原始设备制造商销售的个人电脑数量,英特尔绕过原始设备制造商,直接鼓励终端消费者购买采用英特尔芯片的更新、更快的个人电脑。IBM等原始设备制造商已经迎合了终端消费者的需求,英特尔打算夺取这种关系的控制权。

英特尔面向终端消费者的第一个广告是一个关于淘汰的鲜明而简洁的信息。在其1989年的广告中,以一个红色的大"X"贯穿数字"286"(见图1–2)。这则通知型广告意在鼓励现有的终端消费者在购买新计算机时指名要新的386芯片。这是多管齐下的营销策略的一部分,包括针对企业客户在商业杂志、小册子和技术简报上做广告以及针对终端消费者做电视广告,旨在揭开复杂

图1–2　英特尔"X 286"产品平面广告(1989年,图片 © 英特尔公司)

的个人电脑的神秘面纱。关于 B2B 营销和终端营销之间的联系，丹尼斯·卡特说："一般来说，我们所有的营销活动都以企业客户为重点。甚至公司的电视广告也是针对企业客户的 B2B 广告。"卡特在这里指出，终端消费者对英特尔芯片的新需求将迫使原始设备制造商购买更多的英特尔芯片。终端广告利用消费者的需求，迫使原始设备制造商使用英特尔而不是竞争对手的芯片制造个人电脑，从而使消费者成为影响原始设备制造商采购的影响者。英特尔试图从原始设备制造商手中夺取价值网络的控制权，直接说服终端消费者使其相信芯片品牌比计算机品牌更重要。

值得注意的是，当英特尔开始向终端消费者营销时，只有约 15% 的美国家庭拥有个人电脑。英特尔对终端消费者进行了个人电脑方面的"教育"，因为当时的个人电脑还是一种大家不太了解的新事物。1990 年，在确定标语"本机内部使用英特尔处理器"之前，犹他州盐湖城的达林−史密斯−怀特（Dahlin Smith White）广告公司创作了一系列广告，将英特尔宣传为"计算机尽在其中（The Computer Inside）"（见图 1−3）。这些涂鸦广告试图教育更广泛的消费者，同时暗示英特尔是在反叛，即要打破其在供应链中的传统低位。卡特先生说："目的是消除恐惧，让技术变得平易近人、触手可及。英特尔希望个人电脑用户了解更多的技术。"尽管许多业内专家和营销专家对英特尔刺激消费者需求的战略持怀疑态度，但事实证明，英特尔成功地说服了消费者，让他们相信选择英特尔芯片是购买个人电脑时最重要的决定。

图 1-3 英特尔"本机内部使用英特尔处理器"活动平面广告
（1991年，图片 © 英特尔公司，图中英文意为"本机内部使用英特尔处理器"）

1991 年英特尔正式启动"本机内部使用英特尔处理器"活动时，公司净收入为 47 亿美元，其中广告支出为 1400 万美元。到 2016 年，公司净收入激增至近 600 亿美元，营销支出达 18 亿美元（见图 1-4 和图 1-5）。从 1991 年到 2016 年的 25 年间，英特尔在公司宣传和补贴客户广告预算方面的投入超过 380 亿美元。[1]

---

[1] 2016 年之后，广告费用急剧下降，原因在于其成本分配结构的调整。2016 年之前，"本机内部使用英特尔处理器"活动产生的广告费用被归类为营销、行政和管理费用。从 2017 年开始，合作营销欠客户的广告补贴返利被归类为营收损失。

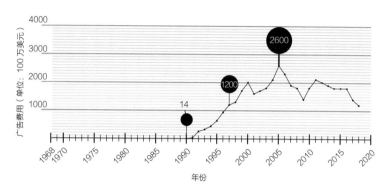

图 1-4　1990—2018 年英特尔公司的广告支出（单位：100 万美元）
（作者制图）

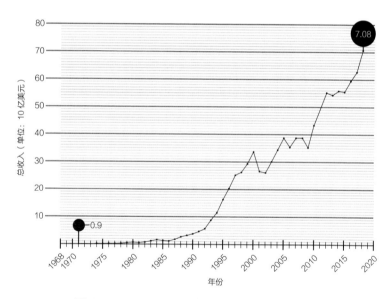

图 1-5　1971—2018 年英特尔公司的营业收入
（作者制图）

用于合作广告计划的 380 亿美元中，大部分都是向 B2B 客户提供资金，以扩大这些客户的个人电脑市场，从而增加对英特尔芯片的净需求。合作计划以交换为基础。芯片购买达到了最低数量要求的公司有资格获得返利。[①] 返利就是有条件的广告补贴。这意味着返利只能用于购买广告。[②] 此外，英特尔的徽标必须出现在所有获得补贴的广告中，并出现在所有使用英特尔芯片的个人电脑外部。为了创建一个令人难忘的品牌识别，达林–史密斯–怀特广告公司设计了标志性的"本机内部使用英特尔处理器"（Intel Inside）徽标，该徽标在计算机上和广告中均有出现，同时还设计了一个五音的音频，该音频被认为是世界上最容易识别的品牌声音——"噔……噔噔噔噔"。

到 1993 年，英特尔已经巩固了自己作为行业领导者和巨头的声誉，一旦受到挑战，就会捍卫自己的利益。一位自称"查普曼（Chapman）"的前英特尔营销人员评论道：

英特尔现在处于垄断地位，总的来说，他们要确保留住自己的客户群，使客户不会转向市场上开始形成的反对派阵营。他们会利用一切手段——法律、资源分配、新产品信息——留住客户。

[①] 2014 年，最低合格购买量为 40 万台，但 2016 年英特尔将最低合格购买量降至 500 台，同时将上述合作营销广告支出重新归类为营收损失。

[②] 这种制度导致最大的原始设备制造商习惯性地过度采购芯片。其策略是最大限度地利用返利资金。随后，多余的芯片被出售给较小的原始设备制造商。这种做法被称为"灰色市场"，给价值链的传统概念带来了麻烦，因为英特尔把自己的客户变成了产品分销商。虽然这超出了我的研究范围，但英特尔芯片"灰色市场"的存在表明，也许有办法绘制企业间的价值网络图，将终端消费者分散为 B2B 价值网络的来源。

商业升维
技术变革与文化升级的影响

在《企业营销》（*Business Marketing*）中一篇将英特尔评为"年度商业营销者"的文章中，引用了另一位个人电脑公司高管的话："但是，购买英特尔486芯片的个人电脑制造商——只能从英特尔手中购买——同样感受到了英特尔的营销力量。很少有人冒着疏远英特尔的风险，因此他们只能默默忍受。""查普曼"和其他高管所说的营销力量表明，英特尔使用了各种手段，以此对竞争对手和客户施加企业权力，而不仅是产品数量和定价方面的市场权力。合作计划既是胡萝卜，也是大棒。

1991年，合作计划开始为印刷广告提供5%的返利。1995年，英特尔开始为广播电视广告提供补贴，到1996年，英特尔为原始设备制造商提供了芯片销售额6%的钱作为返利。当个人电脑公司把这笔钱用于广告宣传时，英特尔支付了一半的印刷广告费用和三分之二的广播电视费用。1997年1月，英特尔在"超级碗"（Super Bowl）比赛中首次推出了标志性的"兔子服"（bunny suit）广告。该广告时长30秒，以风格鲜明的视觉效果、舞蹈和受火箭女郎启发的踢踏舞为特色，背景音乐是1978年桃子与香草乐队（Peaches & Herb）的迪斯科名曲"大家摇起来（*Shake Your Groove Thing*）"。解说员告诉观众："我们把新的奔腾Ⅱ处理器带到了纽约，向人们展示它能为当今软件带来的神奇效果。正如你所看到的，他们真的很兴奋。"兔子服成为一种小的文化现象，英特尔最终注册了"兔装人"（BunnyPeople™）这一名称以获得商业价值。这则广告花费了240万美元，标志着英特尔公司在超级碗广告中的首次亮相。

　　包括返利在内，英特尔公司在 1997 年推出奔腾 II 芯片时的广告投入超过 12 亿美元。然而，由于有了合作计划，英特尔公司的 12 亿美元投资产生的效果比其他公司要多得多。1997 年，整个行业在个人电脑广告方面的总投入为 2020 亿美元（见图 1-6）。通过合作计划，"Intel Inside" 的徽标出现在 80% 的广告中。如果

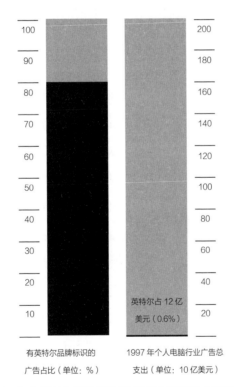

有英特尔品牌标识的　　　　　　1997 年个人电脑行业广告总
广告占比（单位：%）　　　　　支出（单位：10 亿美元）

图 1-6　1997 年有英特尔品牌标识的广告占比与个人电脑行业广告总支出的比较（作者制图）

没有合作计划，英特尔将不得不花费近 1620 亿美元才能在 1997 年 80% 的个人电脑广告中出现。而有了合作计划，他们只需花费 0.06% 的支出即 12 亿美元，就能出现在 80% 的广告中。再加上它的排他性协议禁止原始设备制造商在广告中提及竞争对手的芯片，终端消费者看到的绝大多数个人电脑广告都出现了英特尔的标志。这种"无处不在的优势"帮助英特尔成为消费者心目中默认的微芯片标准。这样不仅摩尔定律在整个行业得到广泛应用，快速、永久和必然的技术变革这个基本逻辑也在不断传播。

英特尔公司与原始设备制造商之间的合作在奔腾 II 芯片的发布中表现得尤为明显。英特尔公司在商业出版物和流行的商业期刊上刊登了大量广告，宣传新的奔腾 II 芯片。例如，1997 年 5 月 7 日出版的《华尔街日报》上，英特尔以 2 页的篇幅做的广告，宣布推出"个人电脑技术的新篇章"（见图 1-7）。当天，数字设备公司（DEC）、NEC（日本电气公司）、康柏、惠普和捷威（Gateway）也在同一版面刊登了广告。值得注意的是，NEC 和捷威都在广告中使用了奔腾 II 徽标，而数字设备公司、康柏和惠普的广告仍使用奔腾 I 徽标。这表明，在英特尔公开发布奔腾 II 芯片之前，NEC 和捷威都已满足了购买要求，因此它们获准在广告中使用新的奔腾 II 徽标。捷威甚至在英特尔 2 页广告之后的版面上刊登了一则调侃式广告，问读者："您现在还没有新的奔腾处理器吗？ II 代处理器？那还等什么？"（见图 1-8）。英特尔奔腾 II 的广告连续刊登了 3 天，而合作广告则在《华尔街日报》上连续刊登了数周。该活动还在其

欢迎来到新的篇章

全新奔腾 II 处理器，请继续阅读。

在微处理器领域，英特尔一直引领潮流。奔腾 II 处理器能提供比奔腾 Pro 处理器更强大的性能，而且还采用了英特尔 MMX 媒体增强技术，整体设计时尚优雅。

奔腾 II

本机内部使用英特尔处理器

为了开启商业计算的新篇章，奔腾 II 处理器在设计时还考虑到了未来先进的商业应用。其独特的设计采用了双独立总线架构，提高了吞吐量，这意味着你可以为现在的软件提供更高的性能，为未来的应用提供更多的空间。

打开台式机计算新篇章，一切所需，尽在英特尔奔腾 II 处理器。要了解更多信息，请访问我们的网站。

英特尔

计算机尽在其中

图 1-7　英特尔奔腾 II 上市广告（1997 年，图片 © 英特尔公司）

他出版物上进行，如《商业周刊》(*Businessweek*)［现为《彭博商业周刊》(*Bloomberg Businessweek*)］，该周刊对奔腾Ⅱ的发布进行了深入报道，并刊登了针对企业客户的整版全彩英特尔广告。NEC和捷威等成长中的小品牌通过与英特尔合作，获得了理想的个人电脑市场份额和曝光率。随着英特尔品牌的知名度越来越高，它也使消费者接受了新的个人电脑制造商。英特尔公司通过扶持大型公司和小型公司的发展，确保这些企业能够抓住市场上对个人电脑（以及其中微芯片）的所有需求增长的机会。

图 1-8　捷威与英特尔的合作广告
（1997 年，图片 © 英特尔公司）①

① 广告原图已不清晰，但仍可看到标题"你现在还没有最新的奔腾Ⅱ处理器？那你还在等什么？"——编者注

英特尔利用合作计划帮助扩大了对个人电脑的总体需求，同时确保了不同的个人电脑中包含英特尔芯片。合作计划大大提高了英特尔的广告影响力，并为英特尔提供了对原始设备制造商的影响力。英特尔利用其对原始设备制造商的影响力，获得了显著优势，并压倒其他竞争芯片制造商，从而获得了巨大的市场份额。到 21 世纪初，竞争对手、客户、供应商甚至股东都开始质疑英特尔营销和商业行为的合法性。

合作营销与英特尔的反竞争商业行为

合作广告计划为英特尔和原始设备制造商建立表面上互惠互利的关系奠定了基础。然而在短短几年内，该计划利用消费者对英特尔品牌的需求变成了一种支配机制，最终形成了英特尔在微芯片行业的垄断地位。布拉德利·约翰逊（Bradley Johnson）在1997 年对合作广告计划的交换条件提出了质疑："这是合作营销还是拉拢式营销？一个组件制造商可以左右客户的营销和媒体决策？"根据约翰逊的说法，英特尔对接受返利的原始设备制造商的广告活动施加了影响。他接着引用英特尔一家原始设备制造商客户的一位高管的话说："我们担心的是，企业会变得如此依赖额外的钱，以至于围绕它制订计划。"在这位高管开始收到高达 200 万美元的返利支票后，他所在的公司将这笔钱从市场营销部门拿走，纳入了他们的净利润。此时，不和英特尔做生意都不行了，因为他的公司太依赖英特尔的返利了。在参与合作计划多年后，IBM 和惠普于 1994 年双双退出，因为它们想摆脱英特尔的控制。然而，消费者的强烈抵制和产品的混乱使两家公司到 1996 年又重新加入了该计划。惠普和 IBM 在市场调研过程中发现，消费者反映在计算机上看到了英特尔的徽标，尽管徽标并不存在。惠普的理由是，如果消费者认为他们看到了英特尔的徽标，而实际上却没有，那么惠普还不如接受合作营销的返利款。英特尔品牌在消费者心目中产生了情感共鸣，即使没有英特尔徽标，消费者看到个人电脑时依然会存留着这种对英特尔的情感共鸣。英特尔成功地创造了"道德盈余"，即企业品牌价值所包含的普遍意义。英特尔无处不在的品牌战略创造了一种普遍意义，即英特尔的微芯片是最好的，这增加了英特尔品牌的价值，同时使他们对原始设备制造商客户具有影响力。

采购代理商或负责采购的员工最关心的问题之一是，一个错误的决策可能会让他们丢掉饭碗。正如企业营销协会（Business Marketing Association，BMA）所解释的那样，在做出采购决策时，如果企业客户认为购买大品牌的昂贵产品不太可能导致自己被解聘，那么他们就更有可能购买这种产品。安全采购的压力导致员工倾向于从市场上最知名的供应商和品牌那里购买产品和服务。于是，"从来没有人因为采购'蓝色巨人'（指 IBM）的产品而被解聘"这句话在科技行业无处不在，成为安全采购决策的代名词。英特尔也采取了同样的策略，利用客户组织中员工个体的不稳定性作为营销策略。英特尔不仅要保持行业领导者的地位，还要确保采购任何竞争对手的产品都将被视为冒险行为——即使像 AMD 的 64 位处理器芯片，在技术上比英特尔的同类芯片更出色、更便宜，情况也一样。

AMD 的前首席执行官赫克·鲁伊斯（Hector Ruiz）在他的传记《弹弓：AMD 摆脱英特尔无情控制的斗争》（*Slingshot: AMD's Fight to Free an Industry from the Ruthless Grip of Intel*）一书中描述了一些令人不安的事件。鲁伊斯声称，英特尔每季度向日本富士通公司提供 2500 万至 3000 万美元的市场开发资金，让其专门与英特尔开展业务。在 2002 年的另一个案例中，英特尔每季度向 NEC 公司支付 30 亿日元（当时略高于 2000 万美元），将 AMD 在日本的市场份额限制在个位数。鲁伊斯声称，这些"市场开发"资金是英特尔为建立独家或接近独家的供应商/制造商而支付的常见款项。企业要获得英特尔的开发资金，必须以独家购买英特尔的产品为条件，实际上是将 AMD 和其他竞争对手拒之门外。在其他情况下，AMD 试图与惠普、康柏和戴尔建立合作关系，推出新产品，并向消费者提供装有 AMD64 位微处理器芯片的个人电脑的选择。从所有行业衡量标准来看，这些微处理器芯片比英特尔更快、更便宜。英特尔说，如果有公司销售或宣传使用 AMD 芯片的计算机，他们将完全切断与这些公司的合作。最终，AMD 于 2005 年在日本和美国对英特尔提起了反垄断诉讼。

商业升维
技术变革与文化升级的影响

有关英特尔的商业书籍往往将 AMD 长达数十年的法律诉讼归咎于 AMD 无法通过开发自己的芯片进行真正的竞争。然而，其中的利害关系远不止一个嫉妒的竞争对手的反击。作为英特尔 1980 年与 IBM 签订的"粉碎行动"协议的一部分，英特尔需要向另一家公司授权生产芯片，以便在 IBM 个人电脑销售量超过英特尔生产能力的情况下，能够确保微芯片的供应满足需求。IBM 迫使英特尔同意将其芯片设计授权给 AMD，作为 IBM 的第二家供应商。这是 B2B 营销的一个独特而重要的方面。英特尔赢得设计的交叉许可合同条款将两家相互竞争的公司拴在了一起，从而重塑了竞争格局——这一合同条款将对消费技术行业几十年的发展产生巨大影响。

1982 年英特尔与 AMD 签订的《技术交换协议》（*Technology Exchange Agreement*）允许 AMD 生产英特尔设计的芯片，但迫使 AMD 放弃自己的竞争芯片架构。在个人电脑市场刚刚兴起的时候，二次采购协议很常见，以确保为原始设备制造商提供稳定的产品供应。但 AMD 在 2005 年的申诉中称，英特尔在 1984 年决定，尽管双方之间有协议，但英特尔将成为 80386 芯片的唯一供应商。为了彻底实现目标，英特尔误导 AMD（和公众）错误地认为 AMD 将成为第二供应商，从而使 AMD 多年来一直处于英特尔的"同一战壕"里。这种策略不只是为了阻止 AMD 与英特尔竞争，还有更广泛的目的。客户认为 AMD 将继续充当英特尔授权的第二供应商，这对英特尔巩固 X86 系列微处理器的行业标准地位至关重要。

从 AMD 的角度来看，英特尔把它困在了按照英特尔芯片设计进行生产的位置上，而不是开发竞争芯片，这就抑制了 AMD 实际制造芯片的能力。英特尔不断歪曲 AMD 在行业中的地位，同时加强对 AMD 的控制。在英特尔看来，他们与 AMD 的关系是 IBM 强加给他们的。然而，正如迈克尔·S. 马隆所解释的，"IBM 正在落后于自己的克隆竞争对手，失去了对英特尔的影响力"。英特尔认为，他们已经履行了对 IBM 最初交易的承诺，但 AMD 只是在利用他们的创新牟利。AMD 诉英特尔将成为"高科技史上两家公司之间最大、最长的诉讼"。双方打了多年的官司，英特尔支付了超过 1 亿美元的律师费，最终 AMD 被迫于 2009 年以接受英特尔支付 12.5 亿美元与英特尔庭外和解，而英特尔无须承认任何不当行为。

1982 年英特尔与 AMD 签订的《技术交换协议》以及随后的法律纠纷导致的结果是，在 20 世纪 90 年代的繁荣时期，两家公司将整个半导体行业转向了基于摩尔定律的商业模式。即使原始设备制造商不想跟上摩尔定律的步伐，英特尔也确保了他们仅存的大型竞争对手 AMD 按照摩尔定律的原则运行——或者通过制造从英特尔获得授权的芯片，或者通过设计自己的芯片，使其速度更快、成本更低，以期打破英特尔的垄断。简而言之，日益增多的数字设备需要更多的微芯片，而英特尔的垄断地位确保了这些微芯片都能按照摩尔定律进行升级。

商业升维
技术变革与文化升级的影响

2005 年至 2011 年，全球对英特尔营销合法性的审查愈演愈烈。在此期间，英特尔采取了一系列法律措施。英特尔受到了欧盟委员会的调查（调查始于 2001 年），成为 AMD 在日本和美国法院提起的反垄断诉讼的被告，并成为来自供应商、客户和其他分销商的至少 83 起集体诉讼的被告。此外，英特尔还卷入了来自至少 5 个不同个人和集体股东的衍生诉讼、纽约州总检察长提起的诉讼、美国联邦贸易委员会的调查以及韩国公平贸易委员会的调查。英特尔在 2013 年的年度报告中进行了总结：

总的来说，他们认为我们的微处理器的价格返利和其他折扣不适当地以客户独家或接近独家采购为条件；他们指控我们的软件编译器业务不公平地偏向于使用英特尔微处理器而不是竞争对手的微处理器，并且通过使用我们的编译器和其他手段，导致了有关我们的微处理器的不准确和误导性的基准测试结果的传播。

指控称，英特尔不公平地影响和胁迫客户只与英特尔开展业务。他们还通过技术手段在其组件中创造优势，并对有关技术优势的信息进行虚假宣传。原告认为，英特尔利用合作计划指定价格分销条款，以及签订"全有或全无"的供应合同，迫使竞争者退出市场，从而使英特尔控制市场。

多年来日本、韩国和欧盟对英特尔反竞争行为的罚款总额，还不及英特尔 2010 年 18 亿美元的广告预算高。2005 年，英特尔被日本认定有垄断行为，并处以 5500 万美元的罚款；2008 年，韩国公平贸易委员会对英特尔处以 2000 万美元的罚款；2009 年，欧盟委员会对英特尔处以 15 亿美元的罚款。2010 年，英特尔同意与美国联邦贸易委员会达成和解，承认英特尔的营销和商业行为是非法的。该和解协议声明英特尔违反了《联邦贸易委员会法》第 5 条。这次和解意味着英特尔无须承认任何不当行为，也无须对市场上被其压制的公司进行惩罚性赔偿，英特尔公司也不会被处以任何罚款。联邦贸易委员会承认，确实存在鲁伊斯所说的补贴和排他性条款，并且被认定为非法。英特尔的 B2B 营销行为是反竞争的。英特尔一直在付钱并胁迫客户不与其竞争对手做生意。尽管媒体对联邦贸易委员会的和解进行了报道，但对英特尔品牌在公众心中的认知和看法影响甚微。根据全球领先的品牌价值追踪机构英图博略（Interbrand）的数据，2009 年至 2012 年，英特尔的品牌价值从约 300 亿美元增至 390 亿美元，稳居全球十大最有价值品牌之列。总之，美国、日本、韩国和欧盟的政府监管机构都同意反竞争指控，并对英特尔处以罚款，或要求英特尔改变营销策略。然而，损害已经造成。在个人电脑的引领下，消费电子产品层出不穷，英特尔成功地颠覆了原始设备制造商和微芯片供应商之间的权利关系。这使得半导体微处理器芯片成为该行业每一个数字设备设计时重要的考虑因素之一。结果是，摩尔定律超越了其作为工程观察和商业模式的功能，在行业发展的关键时刻成为一种组织原则。事实上，摩尔定律不懈创新的结构本身使全球消费技术行业都在聚焦于下一个伟大的产品。

组织原则

摩尔定律在经济繁荣时期的影响是如此显著，以至于当时的报道和最近撰写的历史回顾通常都会首先解释摩尔定律不是物理定律，而是一种商业实践。例如，迈克尔·卡内洛斯（Michael Kanellos）在科技资讯网（Clnet，后改名为 CNET）上写道："摩尔定律毕竟不是物理定律。它仅是对电子工程师在适当条件下可以用硅做什么的一个惊人准确的观察。"虽然"惊人准确"低估了企业为实现摩尔定律所做的大量工作，但卡内洛斯所说的摩尔定律是关于行业组织原则的观点，仍然是当今关于摩尔定律对行业持续影响这一争论的核心。

自 20 世纪 90 年代以来，业内人士一直在争论摩尔定律的本质以及它的潜在消亡对消费技术的未来意味着什么。毕竟，无限期地保持指数级增长似乎不太可能。迄今为止，为了维持摩尔定律，"业界不得不投入数十亿美元和大量优秀人才"。然而，关于摩尔定律命运的讨论和争论是行业活动和出版物的常规内容。这些讨论揭示出摩尔定律所说的行业快速、永久、必然的技术变革的重要性，同时也印证了摩尔最初的观察。

不管争论中是将摩尔定律定位为严格意义上的晶体管数量翻倍，还是定位为更广泛意义上的性能翻倍，大家的共识是创新放缓将对产业不利。一些人从"摩尔定律的字面意义"出发，认为摩尔定律已经失效，因为后几代芯片晶体管数量翻倍之间的间隔

时间正在变长。正如英伟达（Nvidia）公司首席执行官黄仁勋在
CES2019 上直言不讳地宣称："摩尔定律已经不再可能了。"就连英
特尔公司也承认摩尔定律正在放缓，因为他们一再推迟 10 纳米芯
片的上市时间，从 2015 年延迟到 2019 年。然而还有人指出，"摩
尔定律几乎从一开始就是对晶体管密度的预测，后来又扩展到对
性能的预测。"这种"摩尔定律精神"应包括任何能保持性能翻番
速度的创新。例如，业内领先的芯片架构师之一、英特尔高级架
构副总裁吉姆·凯勒（Jim Keller）描述了他 40 年的微芯片工作经
历，他一直被告知摩尔定律将在未来 5 到 10 年内消亡。这种说法
使他采用了一种更具操作性的方法，他认为，成千上万的领域中
任何有助于提高性能的创新，都是延续了摩尔定律精神的改进。
关于摩尔定律本质的争论甚至变得哲学化。乔尔·鲁斯卡（Joel
Hruska）将摩尔定律的延续描述为忒修斯之船的问题：当不断更
换船上的每一个部件时，什么时候该质疑它是否仍是同一艘船？
将这一比喻应用到摩尔定律中，如果在晶体管数量不变的前提下
性能仍按摩尔定律所预测的指数曲线增长，这还是摩尔定律吗？

　　撇开技术和哲学上的区别不谈，在过去半个世纪中摩尔定律
所预测的节奏为整个行业提供了发展的形式和节奏，使行业保持
了同步，并确保原始设备制造商、零部件供应商、软件开发商
和第三方制造商之间能在复杂的操作中协同工作。汤姆·西莫
尼特（Tom Simonite）在《麻省理工科技评论》（*MIT Technology
Review*）上对摩尔定律的消亡进行了推测，他写道："公司将不

得不以新的、复杂的方式进行合作，而没有了过去使行业产品
和研发计划保持同步的共同心跳。"将摩尔定律比喻为"共同心
跳"，揭示了它作为行业组织原则的重要性。摩尔定律指导着整
个行业的实践，而不再由原始设备制造商主导产品开发的步伐。
麻省理工学院斯隆商学院的尼尔·汤普森（Neil Thompson）说：
"摩尔定律最大的好处之一是作为一种协同机制……我知道 2 年
后我们就可以依靠某种程度的性能，因此我可以开发相应的功
能。"通过可预测的新技术推出和旧技术淘汰的速度，摩尔定律
将整个行业运营组织起来，而不是由原始设备制造商决定供应链
上游的组件和服务以及第三方外围设备的产品开发速度和方向。

业界的共识是，无论晶体管或性能是否翻番，摩尔定律中的
技术变革速度和永久性都必须持续下去。鲁斯卡对消费技术行业
的影响进行了具体阐述："事实上，科技行业担心的是，一旦半
导体进步放缓，整个电子产品的创新也将放缓。"就连国家安全
机构也在为摩尔定律的延续而投资。据美国国防部高级研究计划
局（DARPA）员工罗伯特·科威尔（Robert Colwell）称，"摩尔
定律的终结将是对美国国家安全的威胁"。如果没有处理能力的
持续增长来维持美国的信息通信技术防御战略，敌对各方最终会
缩小差距并利用漏洞。①

---

① 事实上，一个名为"供应链风险管理"的新领域正专注于评估必要的
　　材料和资源，以便在美国与主要地缘政治参与者之间的全球贸易关系
　　变得不稳定或受到损害时，在国内安全地生产信息通信设备。

第 一 章

建立技术变革的假设

摩尔定律还象征着一种信念，即该行业有可能实现的目标。它激励人们投入时间和精力，解决设计、工程和生产方面的重大问题，从而建设一个由无所不在的计算所定义的未来。正如麻省理工学院助理研究员及人工智能播客莱克丝·弗里德曼（Lex Fridman）所说："50多年来，摩尔定律对我和数百万人来说，就像一盏激励人心的灯塔，照亮了一个可由杰出的工程师们创造出的美好未来。"正如凯勒在多次采访中所说，"与继续相信摩尔定律相比，不相信摩尔定律会给我们带来更大的损失"。似乎很少有什么能像摩尔定律那样体现技术进步的理性、客观和启蒙原则。摩尔定律是一种值得信任的东西，这表明它既是一种理性的技术实践，也是一种情感投资。对摩尔定律鼓舞人心一面的更加极端的观点来自谷歌的工程总监、著名的技术乌托邦作家雷·库兹韦尔（Ray Kurzweil），他著有《机器的精神时代》（*Spiritual Age of Machines*）和《奇点临近》（*The Singularity is Near*）。

库兹韦尔在时间上向前和向后推断，以论证摩尔定律是技术变革和人类文明的一个超验原则。他的"加速回报定律"认为，技术变革一直都是指数式的——只是人类文明的前一万年无法注意到这一点，因为他们只经历了曲线中近乎平坦或非常浅的部分。就计算机而言，摩尔定律只是信息处理领域遵循指数曲线的最新技术趋势。他认为，这是信息处理能力指数增长的第五个范式，而不是第一个范式。大脑成像技术的同步发展不仅会创造一个奇点，使人工智能增强并超越人类智能，而且人类意识将能够上传到计算机，实现一种数字永生——终极升级。摩尔定律被视为一种永久不变的变革力量，被用来作为库兹韦尔和其他乌托邦预言者的证据，如彼得·戴曼迪斯（Peter Diamandis），他的代表作是《富足：未来比你想象的更好》（*Abundance: The Future is Better Than You Think*）。这些人的论述将政治、文化、伦理和经济力量对技术变革的影响视为次要的或是阻碍进步的麻烦。人们通过技术进步神话，将快速、永久、必然的变革的偶然性观念本体化，从而否定了任何短视的批判。

在最极端的情况下，摩尔定律将推动宇宙进化的下一阶段。艾瑞克·简森（Eric Chaisson）的《宇宙进化论》（*Cosmic Evolution*）认为，宇宙在大爆炸之后的连续几个纪元中不断进化：微粒、星系、恒星、行星、生物、文化与技术等。每个演化纪元的驱动力都是能量结构密度的增加。他描述了从微粒时代的单个氢原子等低密度能量结构到文化与技术时代的计算机和汽车等高能量密度结构的演变过程。迎来下一个纪元的潜在转折点被称为"奇点"——这也是库兹韦尔预测的核心概念。在这里，奇点指的是当计算机智能取代人类生物智能的时刻。摩尔定律被认为是计算机技术的关键发展特征，它使奇点成为宇宙进化的下一个阶段，但肯定不是最后一个阶段。简森写道："预言中的'技术奇点'，即技术在智能和复杂性上超越生物大脑，只不过是宇宙发展史中众多奇点中的一个。"无论是库兹韦尔对数字永生的预测，还是天体物理学家简森对宇宙如何从简单物质排列到复杂物质排列的解释，都表明摩尔定律关于变化的假设在技术想象中是多么根深蒂固，即使那些备受推崇的科学家对未来进行推测时也是如此。

英特尔营销活动的长期影响不仅在于它们在迅速扩张的消费技术行业中规范了摩尔定律的节奏，还在于它们普及了摩尔定律的运作方式，重新制定了个人和组织应对技术变革的方式。在《谁拥有未来》（*Who Owns the Future*）一书中，杰伦·拉尼尔（Jaron Lanier）写道：

> 我们对摩尔定律或其他类似模式存在的确切原因观点并不一致。这是人类驱动的、自我实现的预言，还是技术固有的、不可避免的特质？不管是什么原因，在一些最有影响力的科技圈中，加速变革所带来的愉悦感导致了一种信赖情绪。它提供了意义和背景。

摩尔定律为科技行业的关键人物提供了意义和背景，这说明它在塑造行业方向方面发挥了作用。然而，摩尔定律留给今天的更大遗产是它给技术想象力带来的变化。在某种力量——无论是垄断力量、市场竞争还是宇宙命运的支持下，摩尔定律的节奏取代了间歇式的技术变革体验，从而使快速、永久、必然的技术变革成为日常生活中意料之中的寻常之举。

第二章

升级文化的传播

商业升维
技术变革与文化升级的影响

在整个 20 世纪 90 年代，随着消费技术行业规模和影响力的不断扩大，快速、永久、必然的技术变革假设在文化、政治和经济生活中蔓延开来。2000 年过后不久，新产品快速的推出和淘汰成为随处可见的日常现象，并取代了技术想象中间歇式的变化感。然而，人们对技术想象的变化并不完全来源于企业的营销实践和那些快速过时的数字设备。它们是横跨媒体、政治和经济领域的一系列实践的结果，这些实践覆盖了与未来和技术变革相关的不同的社会生活领域，不断强化并扩展了技术变革是快速、永久、必然的这个假设。

本章关注的是 3 个重点领域：科幻影视作品、世界博览会、科技投资。这 3 个领域的实践反映并扩展了人们对技术想象的变化，而且体现了媒体、政治和金融投资的影响力。个人和组织在这些领域的实践都需要建立在对技术变革将在何处、以何种方式发生的假设上。但是，不同领域的实践又是以不同的方式与技术想象相结合。科幻影视作品通过把未来娱乐化地直观描绘，来展示当前生活、放大新兴事物，并把抽象的新思想具象化。世界博览会通过国家认同来行使推广新技术的国家权力。科技投资则将理念具体化为可销售的技术。这些科幻影视作品、世界博览会和科技投资的做法反映了人们当前对技术变革的印象，同时又推动了技术想象力的整体建设。这 3 个领域结合在一起所揭示的有关技术变革的自然思潮，是仅靠市场营销和消费主义本身所无法单独做到的。我在本章重点讨论的例子从 3 个角度说明了社会上的机构是如何通过媒体、国家和金融资本的力量，形成了对技术变革过程的理解和体验。我选择的每个实例都为展示升级文化实践的新内容提供了必要的背景。科幻影视作品分析中我使用了更长历史时期内发生的更多实例来说明媒体制作在展示未来时发生的大规模转变，而选择的世界博览会和科技投资实例则会侧重于具体事件，即针对 2017 年的世界博览会以及优步和希拉洛斯的投资案例进行分析。

科幻影视作品中预示的未来

科幻影视作品通常被认为是反思当代的一种手段。事实上，电影长期以来一直在采用和展示新兴技术，布赖恩·R. 雅各布森（Brian R. Jacobson）将其描述为"既反思又推测"。他写道：

随着电影媒介适应并融入了各种技术创新，关于技术的电影迅速记录了这些创新所创造的不断变化的技术想象。在最好的情况下，这类电影能使这个互动过程变得清晰可见。通过使用新机器来制作关于新机器的艺术，电影制作成了莫比乌斯环循环（Möbius strip，由德国数学家莫比乌斯发现的一种只有一个面和一条边界的、没有开始和结尾的循环），在莫比乌斯环上，新技术为表现自身和表现未来的新技术愿景创造了可能的条件。

雅各布森的观点是，以新兴技术或奇幻技术为特色的未来主义电影既使用了技术变革，也提供了理解和体验技术变革的新方式。因此，电影发挥了一种媒体力量，既塑造了制作人也塑造了观众的技术想象。

作为一种电影类型，科幻电影从 20 世纪 70 年代的小众趣味发展到 20 世纪 10 年代的大片和大制作。为了向观众表明故事发生的时间与影片拍摄的时间相差无几，未来主义科幻媒体需要"未来的符号"。通过这些符号，这类媒体具有独特的能力，能够展示、放大和具象化人们技术想象中对变革的理解。宇宙飞船和飞行汽车、新式武器、独特的时尚、不同寻常的建筑等，都能表现出与现实中熟悉的参照点的时间差异。这些东西之所以成为向受众展示未来的常见套路，部分原因在于人们在技术想象中建立了变化的基准模式和节奏。例如，象征未来的最常见方式之一是通过人物服装的独特时尚来体现。历史题材的媒体可能会使用符合历史特征的服装来显示当时的时代背景，而未来题材的媒体则经常使用陌生的服装来向观众显示那些从未见过的时尚潮流——也就是发生在未来的时尚潮流。

通过分析 20 世纪 60 年代至 21 世纪 10 年代的主要科幻影视作品，我们可以发现升级文化是如何将计算机界面从一个无关紧要的未来符号，转变为一种能合理展现未来的标准操作。在"升级文化"出现之前，表现未来技术的主流方式是将媒体制作时期常见的计算机界面纳入其中。自 2000 年代中期以来，编剧、导演和媒体制作人一再声称，他们不得不展现出比制作时常见的计算机界面更加先进的界面，因为对未来技术的合理表现与受众对技术变革的生活体验发生了冲突。由于文化的升级，如果未来没有比现在更先进的计算机界面，是无法想象的。在今天的关于未来的科幻作品中，奇幻技术不一定要逼真，但控制这些技术的计算机界面必须比媒体制作时普遍使用的计算机界面更先进。然而，情况并非总是如此。

随着大众对计算机越来越熟悉，并适应了摩尔定律的新产品推出和淘汰速度，计算机界面从代表未来的一个无关紧要的方面转变为一个必须与生产时的界面区分开来的标准操作。早在 20 世纪 90 年代末，奇幻技术通常由生产时常见的计算机界面控制。到了 2005 年左右，奇幻技术必须伴随着控制这些技术的计算机界面的合理进步。媒体生产实践的这一转变，使人们不再认为技术变革是间歇式的，而是期望它是快速、永久、必然的。[①]

---

① 我还想说的是，计算机界面本身代表了人们的一种文化愿望，即在未知的未来，人们仍能控制技术变革的影响。技术想象力不仅包含大量符号资源，还构建了集体的情感取向——我们的希望与恐惧、焦虑与渴望。未来科幻小说中一个长期存在的焦虑是，技术超越了人类的意图或控制，导致文明的毁灭。汽车和光束枪的技术是独立的技术，而计算机界面则是控制技术。计算机界面的合理发展体现了控制的概念，缓解了人们对技术失控的焦虑——预见到界面的进步表明了控制的连续性。先进的界面强化了这样一种观念，即我们有能力成功地管理技术变革进程，而这一进程总是可能有超越人类意图的危险。

商业升维
技术变革与文化升级的影响

展示

视觉科幻媒体中，由制作设计师、编剧和导演决定如何在银幕上表现未来，从而展示出人们对技术变革的现有印象。这些决定取决于故事、人员、预算、可用的制作技术和拍摄后勤等诸多因素。参与媒体制作的人员对技术变革的假设，以历史上看似很偶然的方式影响着展示效果。英国科幻小说家亚瑟·查理斯·克拉克（Arthur Charles Clarke）曾说过，任何足够先进的技术都与魔法无异，无论是基于这一著名言论的场景设计，还是基于当代微芯片架构上运行的未来机器人，未来技术的可视化都独特地体现出人们对技术变革进程的假设。在制作过程中，这些技术未来主义假设决定了使用哪些技术以及如何象征未来。

20 世纪 70 年代流行的科幻电影，如《逃离地下天堂》(*Logan's Run*)、《绿色食品》(*Soylent Green*) 和《宇宙静悄悄》(*Silent Running*)，都将激进的社会变革作为未来的标志。在这 3 部影片中，人口增长和资源管理问题都以不同的方式导致了社会或政治的重组。在《逃离地下天堂》中，资源和人口之间的平衡是通过杀死所有年满 30 岁的人口来维持的。在《绿色食品》中，通过将多余的人变成食物来解决食物短缺问题。在《宇宙静悄悄》中，为了给人类及其消费文化腾出空间，地球上最后一片森林被移植到一个在轨道上运行的温室中，最终在机器人的照料下飘流到太空。当然，随着万斯·帕卡德（Vance Packard）的《废物制造者》(*The Waste*

Makers)、蕾切尔·卡逊（Rachel Carson）的《寂静的春天》(*Silent Spring*)、保罗·埃尔利希（Paul Ehrlich）和安妮·埃尔利希（Anne Ehrlich）的《人口爆炸》(*Population Bomb*)[①] 以及罗马俱乐部（The Club of Rome）的《增长的极限》(*Limits to Growth*)等书的成功出版，增长、资源和环境主题反映了当时更广泛的文化讨论。不过，这些作品中的未来主义技术反映了当时的计算机界面。《逃离地下天堂》中的激光手术机只有几个机械旋钮和开关，却能替换人的脸部并立即治愈伤口（见图 2-1）。《宇宙静悄悄》在空间站上建造了郁郁葱葱的太阳能温室，但计算机界面上只有几个机械按钮。

图 2-1　电影《逃离地下天堂》中的变脸机器

　　这种趋势一直延续到 20 世纪 80 年代，《银翼杀手》(*Blade Runner*)、《终结者》(*Terminator*) 和《机械战警》(*RoboCop*) 等

---

① 虽然保罗·埃尔利希被列为唯一作者，但保罗和安妮曾公开表示这本书是他们一起写的。出版公司坚持将其作为个人著作出版。

未来主义大片同样采用了飞车和半机械人等先进技术。然而，这些技术都是通过计算机界面来控制的，反映了其产生的时代。在《机械战警》中，已经死亡的警官亚历克斯·墨菲（Alex Murphy）的头部和躯干通过维持生命和增强能力的技术重新复活。在实施这一手术的实验室里，除了几台标准的 20 世纪 80 年代的个人电脑外，几乎没有其他设备。就连《机械战警》中观众偶尔通过第一人称视角镜头里瞥见的平视显示器，也采用了 20 世纪 80 年代的阴极射线管（CRT）计算机显示器上常见的单色绿色。同样，在《终结者》中，施瓦辛格扮演了一个从未来被送回地球的先进电子生命体。虽然观众在这个饱受战争蹂躏的未来世界中看到的场景并不多，但他们得知它是由一个名为"天网"（SkyNet）的人工智能意识控制的。1984 年，施瓦辛格饰演的 T-800 型终结者在猎杀猎物时，其第一人称视角显示屏的镜头中仅有白色的计算机代码处理文字，与红色的视野相映成趣（见图 2-2）。苹果公司前高管戴维·塞特拉（David Szetela）指出，在这种镜头中短暂闪烁的代码表明，"终结者"实际上是在苹果 II 6502 微处理器架构上运行的。即使人造生命体、杀手机器人和半机械人是以未来为背景或从未来派来的主角，创造它们、使用它们并与之互动的计算机也与各个电影制作时期的计算机没有什么不同。①

图 2-2　电影《终结者》中的终结者第一人称视角镜头

　　在《银翼杀手》中，狄卡（Deckard）的飞行汽车名为回旋车，配备了一台阴极射线管显示器。在雷德利·斯科特（Ridley Scott）和赛得·米德（Syd Mead）创作的 2019 年的洛杉矶景象中，屏幕和计算机随处可见，但都是阴极射线管显示器和全键盘。由于在《银翼杀手》中的出色表现，赛得·米德被冠以"视觉未来学家"的称号。虽然他最初是受聘设计汽车的，但他对汽车背景的渲染却成为制作设计的蓝本。米德的未来主义构想以注

---

①　20 世纪 90 年代的一些电影，如《割草者》（*The Lawnmower Man*）、《捍卫机密》（*Johnny Mnemonic*）和《黑客帝国》（*The Matrix*），都以虚拟现实为特色，但没有展示屏幕和键盘界面的升级。例如，在《捍卫机密》和《黑客帝国》的美学世界中，干净整洁、色彩斑斓的虚拟现实界面与退化、灰暗的背景形成了鲜明对比。

重细节著称，因为他始终紧跟新兴技术研究的步伐。作为一名工业产品设计师，他在构建世界时总是考虑到机械原理。《银翼杀手》中的飞行回旋车采用了标志性的开放式车轮前端，因为米德认为，如果飞行回旋车要在街道上起飞和降落，驾驶员就需要看到下面的东西。米德基于精确性和实用性选择使用了与制作时相同的计算机来设想将近 40 年后的未来，这证明在 20 世纪 80 年代初，改变计算机界面并不是想象未来的一个重要方面。

通过对汽车和计算机的比较，我们可以看到历史上可预见的变革过程是如何将这些技术推向未来的。在 20 世纪 80 年代和 90 年代，当计算机界面反映当前的生产时代时，汽车设计往往是未来的标志。例如，《银翼杀手》、《回到未来 Ⅱ》（*Back to the Future Ⅱ*）、《全面回忆》（*Total Recall*）、《拆弹部队》（*Demolition Man*）和《时空特警》（*Time Cop*）都大量使用了汽车设计或功能上的激进变化，如飞行或自动驾驶，而没有显示出计算机界面的进步。自 20 世纪 20 年代末通用汽车公司的艾尔弗雷德·斯隆（Alfred Sloan）开始寻找与亨利·福特的市场主导地位竞争的方法以来，汽车行业就开始了有计划淘汰的商业模式。斯隆开创的风格定期过时策略使汽车行业开始走上每年进行风格设计调整和定期改款的道路。到 20 世纪 70 年代，制片人和观众对汽车设计的变化早已习以为常，汽车设计已成为代表未来的明显标志，因为大家认为汽车设计将以人们已经熟悉的速度不断变化。[1] 由于当时个人电脑还是一种相当新的消费品，在科幻电影中，计算机和计算机界面的升级仍然是表现未来的一个无关紧要的方面。

放大

当科幻媒体将新兴技术、原型技术或推测的技术形象化时，就会放大它们在技术想象中的存在，为受众提供一个共同的参照点，让他们了解即将出现或尚未发明的技术在日常环境中可能是什么样子。米德极具影响力的未来主义品牌横跨汽车、建筑、电影等多个领域。他是这样描述自己的可视化过程的："我所做的就是思考事物为什么会变成现在这个样子，并将这种意识与事物过去、现在和将来的样子结合起来。这就决定了'未来'事物的面貌。"米德的作品《星际迷航》（*Star Trek*）、《创：战纪》（*Tron*），尤其是《银翼杀手》，成为后来科幻影视作品几个最重要的参照点。同样，当史蒂文·斯皮尔伯格（Steven Spielberg）在创作《少数派报告》（*Minority Report*）时，他与未来学家、技术专家、设计师，甚至美国国防部高级研究计划局的代表举行了一次峰会，

---

[1] 有计划的淘汰是汽车技术变革的主流模式，以至于大众汽车公司在著名的"想想小的好（Think Small）"推广活动中，通过展示十多年来系列车型的相同部件，将自己与美国大型汽车公司区分开来。其目的是批判汽车工程中的有计划的淘汰模型，并将大众甲壳虫设计的传承性特点定位为其优势。

以帮助他和他的团队对 2054 年进行更真实的描述。参加这次峰会的建筑师兼城市规划师彼得·卡尔索普（Peter Calthorpe）说："当娱乐框定未来时，它就有点像自我实现的预言。"通过这种方式，科幻影视作品在技术想象中放大了对变革的新理解，通过对新想法、新实践和新技术的描绘，将其普及到人们的日常生活中。

在整个 20 世纪 80 年代和 90 年代，偶尔出现的先进计算机界面的可视化［如《创：战纪》，尤其是在《星际迷航：下一代》（TNG）中］通过将平面触摸屏计算机与日常生活无缝结合的可视化，将正在起步的计算机界面研究普及到大众。电影特效师理查德·泰勒（Richard Taylor）也参与了《创：战纪》和《星际迷航》系列电影的制作，他在 20 世纪 80 年代初推动了将触摸屏计算机界面引入电影。当时，触摸屏界面还是最前沿的研发成果。泰勒认为，在电影中实现触摸屏技术的可视化将有助于营造未来主义的氛围。虽然那一时期的绝大多数计算机界面都采用了当时的普通界面，但《星际迷航：下一代》等例子表明，关于新兴技术的想法是如何在技术想象中被放大的，已经超过了研究和开发这些技术的工程师所能做到的。

《星际迷航》系列电影是一个很好的例子。它与蓬勃发展的计算机产业同时诞生，它的粉丝群体通常被认为是现代媒体粉丝群体的开创者，而且它还是一个系列作品集，有多个项目已经启动或正在开发中。从 1966 年开始，《星际迷航：原初系列》（TOS）描绘了在飞船"企业号"（Enterprise）上的多元文化背景的船员在 5 年时间里探索未知空间的情景。《星际迷航》以大约 300 年后的未来地球为背景，描绘了一个由文化和技术变革带来的后匮乏时代的乌托邦。虽然《星际迷航》在播出三季后就被取消了，但它培养了一批追随者，最终催生了由电视剧、故事片以及各种其他媒体、游戏和娱乐节目组成的系列作品。最重要的是，在该剧播出后的半个多世纪里，它的影响力已经远远超出了媒体文化和娱乐的范畴。作为一个特许经营项目，《星际迷航》经常被认为启发或预测了 iPad、透明铝甚至牵引光束等现有技术的开发，因此自诞生以来一直帮助塑造着技术研发的方向。

在成功推出系列作品和记录《星际迷航》剧组冒险故事的电影之后，《星际迷航》于 1987 年以新剧的形式重返电视黄金时段。《星际迷航：下一代》一直播到 1994 年，是网络电视上最受欢迎的节目之一，一个 30 秒的广告插播就能获得 11.5 万美元到 15 万美元的广告收入，节目平均每周有大约 1000 万名观众收看。从 20 世纪 80 年代末到 20 世纪 90 年代，《星际迷航》的热播强化了技术想象中的变革假设，而此时摩尔定律对消费技术行业的影响正在形成。《星际迷航》不仅是"走在了时代的前列"，它还使关于计算机界面的技术未来主义假设常态化，而这些假设为未来几十年的媒体发展奠定基础。

《星际迷航：下一代》的标志性设计美学之一是无处不在的飞船和计算机控制的触摸屏界面，它向观众展示的不仅是一个新的"企业号"飞船和它的船员，而是预示着技术上的"下一代"。《星际迷航：原初系列》的布景设计师从 20 世纪 60 年代现有的太空飞船中寻找"企业号"的设计灵感，而《星际迷航：下一代》的设计师则奉命让新的"企业号"看起来尽可能具有未来感。《星际迷航：下一代》的制作设计师麦可·奥田（Michael Okuda）指出，《星际迷航：原初系列》中的"企业号"飞船几乎没有制作预算，如果艺术总监马特·杰弗里斯（Matt Jefferies）有更多的预算，他们就会以双子座太空舱为蓝本，到处放置旋钮和开关。最终的布景设计是杰弗里斯在弗兰兹·巴彻林（Franz Bachelin）的极简主义设计草图与建造一个可容纳多个摄影机位置的圆形布景的实用性之间进行协调的结果。最终，杰弗里斯和他的团队为"企业号"选择了简约的机械式计算机控制界面，只保留了巴彻林概念草图中的转椅和中央显示屏。

根据泰勒的说法，《星际迷航》的创作者吉恩·罗登贝瑞（Gene Roddenberry）并不总是支持后来《星际迷航：下一代》所定义的极简科技未来主义美学。在《星际迷航：无限太空》（*Star Trek: The Motion Picture*）和《星际迷航 2：可汗怒吼》（*Star Trek II : The Wrath of Khan*）的片场工作时，泰勒声称罗登贝瑞一直拒绝他提出的触摸屏界面和大幅面显示器的建议。鉴于泰勒当时阅读的关于即将推出的计算机界面的研究，他认为罗登贝瑞像《创：战纪》一样选择了技术性和机械性的界面，这一举动是武断的。20 年后，罗登贝瑞在为《星际迷航：下一代》设计布景时，显然被触摸屏界面说服了，并指示《星际迷航：下一代》的设计师们尽可能使其具有未来感。在当时，未来主义意味着操作机制被隐藏起来。《星际迷航：下一代》场景设计师道格·德雷克斯勒（Doug Drexler）解释说："我认为，任何没有明显操作机制却能带来巨大冲击力的东西，要么是未来主义的，要么就是魔法——如果你来自中世纪的话。"德雷克斯勒的评论引用了亚瑟·查理斯·克拉克的格言：任何足够先进的技术都与魔法无异。隐藏触摸屏界面的操作机制有助于《星际迷航：下一代》的制作设计师营造出一种未来主义的氛围，而这正是泰勒在电影中一直倡导的，也是罗登贝瑞现在所支持的。

考虑到在计算机三维动画（computer-generated imagery，CGI）之前的媒体制作时代的预算和技术限制，奥田设计了一个巧妙的解决方案。奥田设计的塑料透明胶片可以背光，营造出交互式平面显示屏计算机的错觉。这种透明胶片成本低廉，易于定制，制作速度快。他决定使用塑料透明胶片来展示可以廉价且灵活制作的平面显示屏界面，一举解决了预算、物流和未来主义的设计问题。星际系列中 23 世纪末的飞船设计都开始融入了这种材质制作的触摸屏界面，并且还建立了宇宙内的连贯性。

人们亲切地称这种风格为"奥田式"，这种叫法首次出现在《星际迷航 4：抢救未来》（Star Trek Ⅳ : The Voyage Home）结尾的一个镜头中。在影片的最后一个镜头中，詹姆斯·柯克（James Kirk）被重新任命为船长。他和船员们将乘坐穿梭机登上新飞船。他们翘首以盼，猜测星际舰队分配给他们的是一艘低级飞船还是顶级的"卓越号"。当穿梭机上的人看到前方的"卓越号"时，他们以为自己可能被分配到了"卓越号"，每个人的反应都略有不同。舵手苏鲁田光（Hikaru Sulu）中尉兴奋不已，而总工程师蒙哥马利·斯科特（Montgomery Scott）却大失所望——他形容"卓越号"像是"一桶螺栓"。画面从穿梭机内转换到船员们的视角，他们看向前方的飞船。当穿梭机飞过"卓越号"，露出之前隐藏起来的全新"企业号"时，观众会与船员们一起感到兴奋。由于最初的"企业号"NCC-1701 在《星际迷航3：石破天惊》（*Star Trek III : The Search for Spock*）中被摧毁，观众和剧中人物都不知道新的"企业号"NCC-1701-A 正在建造中。镜头缓缓扫过船体，聚光于飞船识别贴纸上的"A"，以便向观众和剧中角色清楚地表明，这是一艘全新的星际飞船——尽管其外观几乎完全相同。镜头回到飞船内部展示出船员们的反应，船员们的情绪状态再次感染了观众。被分配到新"企业号"的消息让船员们如释重负，他们脸上洋溢着喜悦和满足，柯克船长说："朋友们，我们回家了。"对比柯克之前对是什么飞船漠不关心还说"飞船就是飞船"，这句话气场十足。

在整部电影中，由于几乎所有的人类工作人员都在外星飞船上度过了大部分时间，因此与家园疏离的主题在电影中反复出现。[①] 而电影的主要对手是一个外星探测器，它试图与一种早已

---

① 斯波克是半人半瓦肯人（剧中的一个外星人种）。

第二章
升级文化的传播

灭绝的物种——座头鲸交流，从而在无意中毁灭了地球。在影片的整个情节中，"抢救未来（直译为回家之旅）"这个片名被暗示为返回地球的航程。然而，柯克在那一刻说"我们回家了"，表明"企业号"，而不是地球，才是他们一直在航行的家。影片中，船员们乘坐一艘偷来的"克林贡猛禽号"（Klingon Bird of Prey）飞船穿越时空，而这艘飞船在原"企业号"与克林贡人的战斗中被摧毁了。因此，当船员们看到他们心爱的星际家园被一艘几乎一模一样的飞船取代时，他们松了一口气，这预示着他们将恢复正常、熟悉和舒适的生活。进入新的"企业号"NCC-1701-A后，船员们在指挥中心回到了各自熟悉的位置，并以超光速加速驾驶全新的"企业号"开始了下一次的冒险，"看看她（指新'企业号'NCC-1701-A）有什么本事"。

指挥中心的最后一幕最引人注目的是，指挥中心有全新的触摸屏界面，船员们似乎无须事先培训就能操作。事实上，船员们对新的指挥中心和计算机界面完全无动于衷。当他们看到与原版飞船外观完全相同的飞船外部时，明显兴奋起来，但对于升级后的指挥中心以及全新的、从未见过的平面显示屏计算机控制和界面，他们却完全无动于衷。升级后的界面看似司空见惯，却凸显了船员们不再感到经历过的疏离感，而是回到了熟悉的、舒适的环境中，尽管设施的外观截然不同。这个场景放大了人们对未来计算机界面的认知，同时也通过船员们的冷漠反应将变化正常化。

之后，"奥田式"风格的界面被用于《星际迷航》的其余电影：《星际迷航5：终极先锋》（*Star Trek Ⅴ : The Final Frontier*）和《星际迷航6：未来之城》（*Star Trek Ⅵ : The Undiscovered Country*）以及电视连续剧《星际迷航：下一代》、衍生剧《航海家号》（*Voyager*）和《深空九号》（*Deep Space Nine*）。即使是2001年的前传系列剧《企业号》（*Enterprise*）——故事发生在《星际迷航》近一个世纪之前——也通过采用机械和"奥田式"屏幕界面的组合，保持了对经典技术美学的相对坚持。2005年，《企业号》拍摄被取消，标志着《星际迷航》近20年电视节目的终结。从电视节目和电影的整体来看，联邦飞船在23世纪末期主要使用机械界面，此后电影中到处都是触摸屏计算机界面，至少一直保持到《星际迷航：下一代》的最后一集《好事连连》（*All Good Things*），也就是2395年。

具象化

科幻影视作品往往将文化参照点固化下来，形成对技术变革的集体解读。这些文化参照点通过对未来数年、数十年或数百年技术变化的具体假设，将受众与想象中的未来联系起来。通常，科幻影视作品会提出未来的具体日期，作为技术想象变化的基准。例如，1984年1月22日，苹果公司发布了以未来乌托邦为主题的广告，推出了麦金塔（Macintosh）计算机。广告的结束语是，"1月24日，苹果将推出麦金塔计算机。你会看到为什么《1984》不

第 二 章
升级文化的传播

会再像《1984》一样"。2015 年 10 月 21 日，也就是《回到未来 II》（*Back to the Future II*）中布朗博士（Dr. Brown）和马蒂·麦克弗莱（Marty McFly）穿越的那一天，被称为"回到未来日"（Back to the Future Day），互联网上的人们对没有悬浮滑板和飞行汽车表示了滑稽的沮丧，甚至还有人在推特（现更名为 X）上猜测，我们正处于另一个 2015 年。《星际迷航》系列电影设定了人类未来的具体日期，并经常引用 20 世纪和 21 世纪初的真实"历史"事件，以强化该剧的未来主义推测。无论制作者的意图是现实主义还是推测性的寓言，即使是这几个例子也表明了，当科幻媒体展现未来时，它为集体解读技术想象中的变化创造了参照点。

2002 年史蒂文·斯皮尔伯格的未来主义动作惊悚片《少数派报告》标志着升级文化的一个转折点，它将先进的计算机界面具象化，成为象征未来的标准。1999 年，斯皮尔伯格在创作《少数派报告》时，在加利福尼亚州圣莫尼卡的百叶窗酒店举行了一次著名的"创意峰会"。这次峰会的目的是让学者、未来学家、科学家和业界专业人士与斯皮尔伯格及其编剧一起，共同创想这部科幻大片中将出现的世界是什么样。斯皮尔伯格和他的团队从菲利普·K. 迪克（Phillip K. Dick）1956 年的原创短篇小说《少数派报告》中获得的构建未来世界的素材并不多。尽管如此，他们还是希望用丰富的细节和可信的技术进步来构建 2054 年的场景。参加此次峰会的都是有影响力的思想家，如虚拟现实先驱、前沿科技传播者、数据权利倡导者杰伦·拉尼尔，《全球概览》（*Whole Earth Catalog*）的编辑斯图尔特·布兰德（Stewart Brand），麻省理工学院比特与原子中心负责人尼尔·格申菲尔德（Neil Gershenfeld），以及美国国防部高级研究计划局非常规对策项目首任主任肖恩·琼斯（Shaun Jones）。《少数派报告》以1.02亿美元的预算获得了全球近3.6亿美元的票房，获得了巨大成功。然而，这部电影最持久的"遗产"是标志性的"管弦乐场景"，在这一场景中，安德顿侦探［Detective Anderton，由汤姆·克鲁斯（Tom Cruise）饰演］使用了手势控制的大型计算机界面，描绘了一起即将在未来发生的犯罪事件。[①]影片不仅敏锐地描绘了科技未来主义的主题，而且伴随着舒伯特《B小调第8号交响曲》的优美管弦乐，安德顿侦探的手势也在计算机屏幕上打开了一扇了解未来事件的窗口。这里计算机既是媒介，又含有与未来交界的隐喻（见图2-3）。

在《少数派报告》之后，升级文化成为乌托邦和反乌托邦的未来科幻电影制作人的不二选择。《我，机器人》（*I, Robot*）、《逃出克隆岛》（*The Island*）、《人类之子》（*Children of Men*）、《阿凡达》（*Avatar*）、《铁甲钢拳》（*Real Steel*）和《饥饿游戏》（*The*

---

① 与《星际迷航》中的例子一样，个人选择、预算和其他一些随机事件等因素也会塑造这些未来愿景。就管弦乐团的经典场景而言，它的出现只是因为杰伦·拉尼尔在参加会议时在汽车后备厢中带来了基于手势的计算机界面技术的演示原型。这成为小组最早、最快达成一致的设计选择之一。

图 2-3 电影《少数派报告》中的安德顿侦探为了阻止一起谋杀案的发生，用手势控制计算机打开了一扇通往未来的窗口

Hunger Games）等影片都采用了新型计算机界面。事实上，《人类之子》的故事背景设定在 2027 年，描绘的是一个已经 18 年没有新的孩子出生、基本上已经放弃创造新事物的世界。与阴郁的美学背景相比，一个明显例外是电影中非常多的计算机屏幕和界面以及上面不断出现的内容。导演阿方索·卡隆（Alfonso Cuarón）努力使该电影成为一部"反银翼杀手"的影片，因为它避免用飞行汽车和各种器物来描绘一个视觉震撼的未来世界。他说："我们一直以来的口号是，'我们不是在创作，我们是在参

照'。一切都必须参照我们时代的样子。"他的目标是用可信的未来符号来参照当代世界，比如克里夫·欧文（Clive Owen）饰演的角色穿着一件"旧的"2012年伦敦奥运会的运动衫。在一次关于影片制作的采访中，他这样评论道：

> 我们必须尊重故事的传统，并在一些方面表明我们是在未来。但其他的一切，几乎都是现在。实际上，视觉参照资料主要来自媒体。

《人类之子》之所以是一个重要的例子，是因为卡隆的既定目标是参照现在，而不是想象未来，因此在选择描绘未来的符号时，他创造性地决定使用不断变化的计算机界面作为符号之一，这样他在2006年时对移民、气候变化和文化生活这些更广泛的思考就可以扎根了。

《星际迷航》和《异形》（*Alien*）这两部长期系列作品揭示出，在乌托邦式和反乌托邦式的未来愿景中，升级文化在既有技术美学的连贯性与表现未来技术的合理性之间形成了一种紧张关系。目前，《星际迷航》包含的电视连续剧和电影跨越了人类未来的几百年，是在60年的时间里以非同步的顺序制作的。这些系列电影的制片人经常被质疑，在当前的技术条件下，如何表现未来技术的合理性，并与几十年前建立的技术美学保持宇宙内的连贯性。2009年以来的几部影片的制片人一直表示，基于20世纪60年代甚至20世纪90年代确立的经典技术美学，现在已不可能合理地表现未来。这些问题揭示了技术文化变革假设的更大转变，这种转变改变了未来的表现方式。这些系列电影中的编剧、导演、布景设计师、艺术家和制片人面临着独特的制作问题，而这些问题在系列电影开始时并不存在。不仅是表现未来的符号发生了变化，升级文化改变了想象未来的规则。

2009 年派拉蒙公司重启《星际迷航》系列电影时，升级文化已经形成了这样一种观念，即计算机界面的变化是可信地表现未来的标准操作。几乎就在电视剧集《企业号》拍摄被取消之后，派拉蒙公司立即着手重启了《星际迷航》系列电影。J. J. 艾布拉姆斯（J. J. Abrams）执导的《星际迷航》是该系列电影的重启之作，将原有角色设定在另一条时间线上，也就是后来的"凯尔文宇宙"（Kelvin-verse）。艾布拉姆斯选择的场景设计反映了对未来计算机界面的更现代的设想，而不是固守既有的技术美学。艾布拉姆斯在多次访谈中公开提到了这个问题，表示《星际迷航：原初系列》TOS 中对智能手机时代未来技术的表现令人难以置信。例如，在《星际迷航》的在线粉丝中心阿尔法记忆（Memory Alpha）上的一次在线粉丝问答中，他被问到在当今触摸屏普及的情况下，他是如何在"企业号"的计算机界面上既融入未来想象，同时又忠实于原版飞船的（见图 2-4）。艾布拉姆斯回答说："基于我们现在的计算机界面的发展状况，再去假设几百年后不会出现某种版本的全息屏幕和现在科幻小说中几乎随处可见的东西，那将是荒谬的。"对于一个重视细节的著名粉丝群，艾布拉姆斯的直言不讳和对经典技术美学的漠视，表明了升

图 2-4　上：电影《星际迷航：原初系列》中"企业号"NCC-1701 指挥
中心的机械按钮和船舱开关控制器。下：艾布拉姆斯执导的电影《星际迷
航》中"企业号"NCC-1701 指挥中心的触摸屏船舱控制界面

第 二 章

升级文化的传播

级文化的存在是非常重要的，因为用其他方式来表现未来是不可信的。[①]

随着哥伦比亚广播公司（CBS）于 2017 年推出流媒体独家剧集《星际迷航：发现号》(*Star Trek: Discovery*)，类似的紧张关系再次出现。《星际迷航：发现号》的背景设定在《星际迷航：原初系列》故事发生大约 10 年前，发生在"原始宇宙"中——它和除 J. J. 艾布拉姆斯的重启版及其续集之外的所有其他剧集相关联。"发现号"还选择了以触摸屏和全息影像为特色的场景设计和计算机界面。在第二季中，"发现号"遇到了"企业号"NCC–1701。从表面上看，这与《星际迷航：原初系列》中的飞船如出一辙，因此，经典美学与当代未来主义之间的矛盾给制作设计师塔玛拉·德维雷尔（Tamara Deverell）带来了真正的挑战。她重申，虽然布局、色彩和著名的船长座椅是保持连贯性的重要元素，但按钮、界面和计算机需要针对当代观众进行更新。她进行了如下解释。

---

① 艾布拉姆斯的《星际迷航》是第一部植入产品品牌的电影。影片中的首批品牌之一是诺基亚通信设备。事实上，在 21 世纪前 10 年，诺基亚经常在一些未来科幻大片中植入产品品牌，其中包括《红色星球》(*Red Planet*)、《少数派报告》、《孤岛惊魂》、《星际迷航》和《铁甲钢拳》。诺基亚经常出现在这些电影中，这表明诺基亚致力于塑造面向未来的品牌形象。2000 年，诺基亚提出的战略任务是"在创建移动信息社会的过程中成为公认的领导品牌。"像这样的产品品牌植入活动在消费技术公司和未来科幻娱乐公司之间交叉传播着未来的符号。

商业升维
技术变革与文化升级的影响

　　我们有责任让粉丝们跟上我们所掌握的技术。所以，尽管我们都喜欢《星际迷航：原初系列》和里面用纸板制作的布景，可如果我们还用这样的材料制作节目给你们看，你们肯定会对这个时代感到非常失望。因此，我们需要跟上时代的节奏，展示我们所拥有的 CAD、制图、数控铣床和 3D 打印这些先进的技术。我们要拓展我们的宇宙——走向前人未曾涉足的领域。

　　德维雷尔提到制作团队有责任跟上制作技术的变化和"时代的节奏"，这说明升级文化颠覆了人们对技术变革的原有理解和经验。一方面，从搭建环境布景，到按需制作道具和计算机三维动画，制作技术发生了巨大的变化，计算机既被用来表现未来，又被用来设想其自身的淘汰结局。因此，导演、编剧和布景设计师无法理性地坚持在剧集制作过程中保持一种既定的技术美学，而这种技术美学又"不如"制片人目前所能使用的技术美学。另一方面，"时代的节奏"已经改变，与 20 世纪 60 年代《星际迷航：原初系列》首播时相比，人们对技术变革的看法发生了根本性的转变。需要协调的是节奏的变化，而不是时代的变化。当《星际迷航：原初系列》开播之初，他们在设计指挥中心界面时，假定未来 300 年后人们仍会使用与 20 世纪 60 年代类似的机械界面。50 年后，当《星际迷航：发现号》开始制作时，技术变革是快速、永久、必然的——时代的节奏——取代了人们对变革是间歇的这一认识，在技术想象中出现了可预测的变革节奏。

　　尽管《星际迷航》讲述的是一个关于人类未来社会科技发展

的乌托邦故事，但雷德利·斯科特的长篇乌托邦系列电影《异形》中也有同样的模式。斯科特的《普罗米修斯》(*Prometheus*)是其里程碑式的科幻恐怖片《异形》的前传。《异形》的故事发生在 2122 年，而《普罗米修斯》的故事发生在 2091 年。记者和影迷们质疑，为什么名为"普罗米修斯号"的飞船外观如此先进——飞船设计新潮，包含触摸屏和全息界面——而《异形》中的"诺斯托罗莫号"(Nostromo)飞船则笨重、工业化，计算机界面使用绿色文字的阴极射线管显示器和全键盘，还不如 20 世纪 70 年代的计算机先进（见图 2-5）。虽然斯科特建议粉丝不要

图 2-5　电影《普罗米修斯》（上两图）和《异形》（下两图）的静态截图，
对比了船长们在控制指挥中心的情况

担心这个问题，但粉丝还是想出了各种理由来解释这个看似矛盾的问题。编剧乔恩·斯派赫茨（Jon Spaihts）支持的一种说法是，"诺斯托罗莫号"是一艘简陋的工业采矿船，而"普罗米修斯号"则是一艘科学考察船，是为彼得·韦兰（Peter Weyland）——公司的首席执行官——的长生不老之旅建造的。因此，"诺斯托罗莫号"和"普罗米修斯号"拥有截然不同的风格和计算机系统也就在情理之中了。尽管这些解释可以为《异形》宇宙中的科技美学提供合理的解释，但正是这些问题反映了文化的升级。这些问题将技术未来主义的假设映射到虚构世界中，凸显了用计算机界面来表现未来和升级文化出现之前就已确立的技术美学之间的紧张关系。

总之，到 2000 年代中期，升级文化已经渗透到好莱坞的媒体制作中，并改变了表现未来的方式。其结果是，不断变化的计算机界面不仅成为未来的标志，而且成为合理表现未来的标准操作。

世界博览会上的技术变革与国家认同

世界博览会是将新兴技术与国家认同联系在一起的公共活动。从历史上看，世界博览会对于在文化想象中塑造人们对技术变革的理解和体验至关重要。在 19 世纪和 20 世纪的大部分时间里，国家支持的技术变革展览利用崇拜体验来塑造公众对新兴技术的看法。在美国，世界博览会强化了技术进步的叙事，为建立具有凝聚力的国家认同服务，尤其是 1939—1940 年在纽约召开的"明日世界"。尽管信息通信技术、社交媒体平台和 24 小时新闻滚动播放以及其他众多的政治和技术文化变革层出不穷，世界博览会对美国公众已经不再那么重要，但它们仍然在通过国家权力和权威促进技术变革宣传方面发挥着重要作用。

美国曾经为了统一民族自豪感而颂扬特定的技术成就，而在哈萨克斯坦阿斯塔纳举办的 2017 年世界博览会上，美国将快速、永久、必然的技术变革理念作为其国家认同的核心原则，并以此为前提确立了应对气候变化的政策立场。当国际社会的绝大多数国家都在展示其应对气候变化的技术解决方案时，美国却在鼓吹新兴技术的无限增长。自冷战结束以来，美国与世界博览会的关系就有些紧张。① 与苏联的冷战竞争使得世界博览会成为美国开展外交的一个场所——如尼克松和赫鲁晓夫的"厨房辩论"（Kitchen Debate）。在地缘政治上，人们认为世界博览会和奥运

① 1999 年美国总检察长的一份报告对 1998 年里斯本世界博览会美国馆的合法性提出了质疑，这进一步阻碍了美国参加世界博览会。美国为参加 2000 年德国汉诺威世界博览会的筹资目标没有达成，就完全放弃了那次世界博览会。2001 年，在为续交国际展览局 33 000 美元会员费而拨款失败后，美国退出了这个自 1928 年以来一直管理世界博览会的组织。退出国际展览局后，美国继续参加每 5 年举办一次的世界博览会。美国还参加了这期间举办的规模较小的专业博览会，如 2012 年在韩国丽水和 2017 年在哈萨克斯坦阿斯塔纳举办的博览会。

会等国际活动旨在施加文化影响的"软实力",而不是军事干预或经济制裁等"硬实力"。美国对这些活动的持续参与,反映并促进了技术想象力,实际上是在世界舞台上利用国家力量将技术变革的宣传合法化。

2017 年 2 月 24 日,美国同意参加在哈萨克斯坦阿斯塔纳举办的 2017 年世界博览会。在宣布后的几个月内,美国总统特朗普于 2017 年 5 月 8 日签署了名为"美国希望争办世界博览会法案"的两党立法,使其成为法律。该法案主要是为了支持明尼苏达州申办 2023 年世界博览会。该法案授权时任国务卿蒂勒森"可采取国务卿认为对美国重新加入并保持国际展览局(BIE)成员资格而言所必需的行动"(H.R.534 2017,H.R. 为美国众议院法案编号缩写)。不过,该法案明确保留了禁止公共资助的规定。此举也反映出华盛顿开始重新关注国家品牌和世界博览会等软实力文化活动的益处。

2017 年 6 月 10 日至 9 月 10 日,在哈萨克斯坦阿斯塔纳举办了中亚地区的首届世界博览会。2017 年世界博览会以"能源的未来"为主题,吸引了 115 个国家和地区、22 个国际组织和近 400 万名观众。这是一个以未来为主题的世界博览会。哈萨克斯坦数十年来一直试图通过促进绿色能源经济加入影响者的行列,而举办 2017 年世界博览会就是这种努力的一部分;全球已探明的十五大石油和天然气储量地,哈萨克斯坦拥有其一。这一主题要求各国展示如何落实 2015 年《巴黎气候协定》的目标。

绝大多数国家的展馆都展示了现有的或即将问世的能源技术，如风能、太阳能、地热能和水电技术，这些技术还被物联网、智能电网和数据驱动增效等新技术加持。

阿斯塔纳曾是哈萨克斯坦北部一个名为阿克莫林斯克的小村庄。1997 年，阿克莫林斯克更名为阿斯塔纳（在哈萨克语中意为首都），并被重新设计为未来的国际大都市典范。如今，这座城市是前总统努尔苏丹·纳扎尔巴耶夫（Nursultan Nazarbayev）设想哈萨克斯坦未来实现全球化和资本主义愿景的象征。阿斯塔纳的天际线由日本著名建筑师黑川纪章设计，融合了西欧和东亚的传统、现代和后现代建筑风格。大多数单体建筑都是由世界各地的知名城市建筑师设计的。俄罗斯古典风格的酒店向莫斯科七姐妹建筑致敬。歌剧院向希腊雅典卫城的帕台农神庙致敬。中亚最大的清真寺就在法式别墅公寓的街边。中国宝塔酒店坐落在后现代摩天大楼之间，其镜面塔楼映照出城市周围的哈萨克斯坦广袤大草原上的开阔天空。可汗之帐（Khan Shatyr）是世界上最大的帐篷，它体现了哈萨克斯坦人民的游牧民族血统。然而具有讽刺意味的是，帐篷内部是一个购物中心，代表的是资本主义最无生机和驯化的一面。白天，玻璃建筑物光彩熠熠。晚上，它们就变成了巨大的视频广告牌，让人想起了《银翼杀手》（见图 2-6）。

世界博览会的建筑和场地通过向 1939—1940 年纽约世界博览会和迪士尼未来世界的专诚致敬，营造出科技的崇高体验。绿

图 2-6　2017 年阿斯塔纳世界博览会图片集锦。左上：世界上最大的帐篷"可汗之帐"。右上：摩天大楼变身为巨型广告牌。左下：白天的世界上最大的球形建筑未来博物馆。右下：夜晚的未来博物馆，人们在游行庆祝（照片由作者提供）

色和蓝色的玻璃覆盖着建筑物平滑、弧度的表面，这些建筑物环绕着一座 100 米高的球形建筑，名为"未来博物馆"——它的名字在哈萨克语中意为"光"。作为世界博览会的中心建筑和哈萨克斯坦馆的所在地，未来博物馆通过 8 层楼高的可再生能源技术展品、体验和互动式教育娱乐中心体现了世界博览会的主题。电梯将观众带到顶层，他们可以逐层下楼，到达以可再生能源形式——太阳能、风能、水能、生物能等为主题的楼层。顶层的玻璃走廊将观众"悬挂"在近百米的高空，将城市的时空主张与广袤的中亚大草原尽收眼底（见图2-7），与崇高的体验相呼应。然而，地板上的展品将科学进步与世界神话相结合，在观众心目中强化了哈萨克斯坦科技发达、具有全球意识和文化宽容的形象。例如，在太阳能展区，排队等候观看太阳能动画的观众可以了解到埃及、希腊、中国、斯堪的纳维亚半岛地区和哈萨克斯坦的太阳神神话。在外部装饰成太阳表面的小型球形剧场内，十几名观众观看了360°动画，观众置身于从太阳到地球的光束中，

图2-7　2017年世界博览会在未来博物馆球体顶层的观众
（照片由作者提供）

穿越时空，跨越人类文明，最终俯瞰今天的阿斯塔纳。在俯瞰中，数千年的人类社会科技发展与阿斯塔纳联系在一起，而这座城市也被定格为哈萨克斯坦迈向全球现代化的灯塔。

几乎每个国家的展馆都以未来能源为主题，以信息和互动展品的形式重点介绍了他们将如何改造能源行业，以应对2015年《巴黎气候协定》的挑战。各国通常采用寓教于乐的互动形式，向来宾介绍其改革现有能源基础设施的计划，将太阳能、风能、地热能、波浪能、核能、生物质能和动能与智能能源网结合在一起，而不是以令人眼花缭乱的奇观来激发人们的敬畏之心。例如，德国馆被国际展览局授予"最佳主题诠释"金奖（2017年世界博览会）。德国馆具有高度的互动性、教育性和娱乐性，并加入了游戏元素，最后还进行了高潮迭起的激光灯光秀。观众拿着一个塑料"电池"，这个"电池"可以追踪他们从互动站台获得的积分，这些互动站台提供的信息包括可再生能源生产、更高效的电网分配以及家庭中的低耗能习惯和技术。观众经过努力获取知识以提高电池中积累的积分，而在展览的最后一幕，通过拟银河系的灯光秀和高亢的科技管弦乐背景音乐，观众看到了将个体努力汇聚在一起所能实现的潜能。[1] 其他国家，如韩国，利用

---

[1] 德国馆将电池的传递与个人行动融合在一起，体现了升级文化所特有的技术个人主义特征。与新自由主义的许多其他方面一样，个人管理是治理模式的核心。对升级文化与更广泛的新自由主义模式之间相互关系的论述虽然耐人寻味，却超出了我的研究范围。

松下短距离投影仪技术创造了一个身临其境的游乐项目，展示物联网设备收集的数据将如何助力于工业基础设施向绿色能源基础设施的过渡。就连梵蒂冈也以天文馆式的体验活动传达了进化论的友好信息。然而，这些展品的实用性和直接性主题并没有激发出一种崇高的体验，其目的是在告知、教育和号召全球公民利用现有技术解决当前的气候变化问题。

美国馆是一个明显的例外，其他馆的目标都集中在技术和物流手段上，以减少对化石燃料的依赖，建立新的全球能源基础设施。而美国馆的主题是"无限能量之源"。根据美国馆的最终报告，"观众体验到了这种'无限能量'如何为梦想提供动力，让人们齐心协力去做令人惊叹的事情，并通过美国人民的想象力、创新力和聪明才智来庆祝这种生命能量"。美国馆的观众超过48万人次，占所有那次世界博览会观众的近20%。美国馆位于梵蒂冈馆和委内瑞拉馆之间，在共享的中庭中，40位会多种语言的"学生大使"用舞蹈、交谈等来欢迎来宾。[①]

进入展馆后，观众被引导穿过两个剧场和一个演出后台。第一个剧场名为"充满活力的房间"，大约可容纳50人，有2排长椅供人坐。侧面墙上贴满了大幅图片。金门大桥、纽约天际线和胡佛水坝的图片记录的正是那些作为国家身份象征创造了崇拜

---

① 所有美国馆的学生大使都能说流利的俄语——这是2017年世界博览会的3种官方语言之一，另外2种官方语言是哈萨克语和英语。

感的技术。然而，这些图片只是空间的点缀，与核心信息无关。前方的一个投影仪屏幕悬挂在一个略微升高的平台上，学生大使在平台上向观众致辞。第一个剧场的主要内容是一段 5 分钟的视频，向观众提出了一个问题：无限能量的源泉是什么？视频强调，人类的聪明才智曾成就了福特的 T 型车装配线、个人电脑和爱迪生的实验室等，同样的聪明才智也在继续推动着今天的技术创新，例如用体温驱动的手电筒和用太阳能电池板铺设的道路。在列举了未来能源技术研究的几个领域（如核聚变、天基太阳能电池阵列和地热）之后，视频最后向赞助商之一的洛杉矶清洁技术孵化器公司（Los Angeles Cleantech Incubator）公司致敬，感谢其创新的过程。整个视频关注的是人和人的想法，而不是技术本身。事实上，在进入下一个剧场之前，观众还能听到最后一句话：无限能量的真正源泉就在我们每个人的心中。

随后，与会者被带入"生命能量剧场"，观看一段 5 分钟的音乐视频，视频中一对舞蹈演员在 3 个同步大屏幕上表演舞蹈。明星舞者凯瑟琳·麦考米克（Kathryn McCormick）和罗伯特·罗尔丹（Robert Roldan）曾在电视真人秀节目《舞魅天下》(*So You Think You Can Dance?*）中崭露头角，他们的表演把牛仔、实验室和太空火箭以蒙太奇的方式并列呈现在一起，既体现了美国农业的过往发展，又昭示了高科技的未来。他们伴着美国馆的官方歌曲"我们（*WE*）"起舞，这首歌由展馆设计者 BRC 想象艺术创作公司（BRC Imagination Arts）制作，尼克·皮耶隆

（Nick Pierone）作曲。这首歌是一首欢快的流行歌曲，反复出现的歌词，如"我们在看到的一切中发现能量"和"我们分享的思想中蕴含着能量。一个更光明的未来。让我们了解这些。天空才是极限。"视频的最后是美国和哈萨克斯坦国旗的动画，两侧是舞者的脸部特写，舞者的目光亲密而充满希望，同时烟花在他们身后炸响。最后的配音首先用英语，然后用哈萨克语说道："无限能量的源泉是什么？是人！你，我，我们所有人，在一起。"

当观众排队进入第三个，也是最后一个展厅时，迎接他们的是美国馆主要企业合作伙伴通用电气（GE）和雪佛龙（Chevron）的展示。这个展厅是一个开放式空间，观众可以自由移动，左侧是企业赞助商信息，右侧是美国主题的社交媒体照片和道具，观众都可进行互动。照片墙（Instagram）上的道具，如带有脸部剪裁模型的自由女神像和美国-哈萨克斯坦团结之翼，都是为互动和社交媒体分享而设计的。标志性的好莱坞标志的复制品是活动的主要特色展品，许多来宾可以围在一起拍照留念。几名学生大使在周围随意走动，与人交谈，回答有关美国文化的问题。其中一个特色展品是一个直径 8 英尺 ① 的通用电气展示模型，展示了不同的能源生产技术，如燃煤电厂技术、风力涡轮机技术和核能技术。虽然模型本身标有"请勿触摸"字样，但观众可以在几个

---

① 1 英尺约为 0.3048 米。——编者注

商业升维
技术变革与文化升级的影响

触摸屏显示器上找到通用电气如何提高能源技术效率的信息。用户可以查阅大量的白皮书、研究报告和统计数据，了解一些为应对实时市场波动进行动态定价投资以提升效率的有关信息。

升级文化促使人们从关注技术上已经取得的成就转向关注必然会取得的成就——这一转变对美国的国家认同和国际关系产生了真正的影响。在将人类的聪明才智作为无限能量之源的过程中，美国馆宣扬了丰饶主义——这是生态经济学中的自由主义立场，由朱利安·西蒙（Julian Simon）、赫尔曼·卡恩（Herman Kahn）、比约恩·隆伯格（Bjorn Lomborg）和米尔顿·弗里德曼（Milton Friedman）等人提出。在此背景下，丰饶主义是对马尔萨斯理论的技术乌托邦式的回应，而马尔萨斯理论是对当时由增长驱动的全球资本主义形式的经济-生态可持续性发出的质疑。

马尔萨斯的观点以其创始人的名字命名，源自马尔萨斯于1798年发表的《人口论》（*An Essay on the Principle of Population*）。其核心观点是，人口以几何级数增长，而粮食产量则以算术级数增长。最终，人口数量将大大超过粮食产量，劳动力成本急剧下降，将导致大范围的饥荒和贫困。马尔萨斯的观点在《人口爆炸》（*Population Bomb*）、《增长的极限》等著作中重新流行起来。① 虽然随着富裕程度的提高和农业生产的巨大增长，出生率的下降在

---

① 这些作品和其他前面提到的作品如《逃离地下天堂》《宇宙静悄悄》《绿色食品》等，为20世纪70年代的未来主义电影做出了贡献。

很大程度上驳斥了他的立场，但生态经济学家对他提出的增长极限仍然甚为担忧。

朱利安·西蒙的《终极资源》（*The Ultimate Resource*）是这场辩论中最突出的代表。西蒙的观点是，随着资源稀缺程度的增加（以相关价格的上涨来衡量），人类的智慧必然会开发出能更有效地利用资源和／或创造资源替代品的技术和工艺。因此，人类的智慧是"终极资源"，因为它能够使其他资源变得"无限"——从经济学意义上讲。虽然任何特定的资源，如煤炭或石油，在物理上都不是无限的，但是相对于资源实现的功能而言，资源本身反而是次要的。例如，燃料来源可以是无限的，因为当任何特定资源变得稀缺时，其不断上涨的成本会迫使人们开发、发现或发明新的技术或工艺来增强或替代它。因此，虽然煤炭或石油的实际供应量可能不是无限的，但太阳能等新技术却可以"无限"地取代它们的功能。因此，技术变革的必然性与基于丰饶主义价格驱动的资源功能分析密切相关。

2017 年 6 月 1 日，就在阿斯塔纳 2017 世界博览会开幕前几天，美国总统特朗普宣布美国退出《巴黎气候协定》。[①]鉴于保守派智库卡托研究所（CATO Institute）继续支持西蒙的立场和更广泛的丰饶主义意识形态，特朗普国务院——由前埃克森公

---

① 实际的撤出过程需要 4 年时间，白宫后来澄清说，它将遵守 4 年时间表，于 2020 年 11 月 4 日撤出——后来就任美国总统的拜登于 2021 年 2 月 19 日推翻了退出《巴黎气候协定》这一决定。

司首席执行官雷克斯·蒂勒森（Rex Tillerson）领导、雪佛龙公司赞助——的政治思想反映了长期以来保守派对技术和气候变化的立场也就不足为奇了。然而，它在主流经济政策中根深蒂固。1992年，时任世界银行首席经济学家的拉里·萨默斯（Larry Summers）声称：

在可预见的未来，地球的承载能力不会受到任何限制。不存在由于全球变暖或其他原因导致世界末日的风险。那些认为我们因为某种自然限制而应限制增长的想法是严重的错误，如果让这些想法发挥影响，将会产生惊人的社会代价。

通过强调人们必然会用未来的技术解决当前的问题，美国馆的主题将升级的优先级不仅放在了技术的前面，也放在了让世界摆脱化石燃料这一世界博览会宗旨和目标的前面。美国馆通过将变革过程本身变得自然而然、天经地义来体现升级文化，而不是展示任何特定的技术或社会和政治整合方法。令人遗憾和讽刺的是，2017年世界博览会上的绝大多数国家都在展示创造全球化石燃料基础设施替代品所需的人类智慧，而美国却向国际社会宣传自由主义，将其作为美国的国家认同。

投资即将面世（或尚未面世）的技术

新创企业投资在将新技术理念转化为大众消费品和上市公司方面发挥着至关重要的作用。这两个方面也意味着投资者是强大的行动者，在技术想象中重构着对变革的理解和体验。有资料表明，新兴技术往往只需使用传达新趋势的术语就能吸引投资者。20 世纪 90 年代末，任何公司只要贴上 ".com" ".net" 或 "Internet" ——无论该公司业务是否发生变化，也无论是否实际从事互联网相关的工作——其股票价值就会大幅提升。同样，在比特币从 2018 年 7 月到 12 月飞速发展的 6 个月内，价格从 2500 美元左右上涨到 20 000 美元，那些添加了 "比特币" 或 "区块链" 等词到公司名中的公司，股价也大幅飙升。一方面从微观角度，希望抓住下一个风口的投资者通过信念——就像对新兴技术或理念的理性评估一样——强化了快速、永久、必然的技术变革观念；另一方面从宏观角度，当新技术构想使初创企业成功上市，也会让新技术成为资本持续投资的热点。两方面的结合既渗透了普通大众对技术变革的个人微观体验，也将全球资本增值的宏观利益导向了技术变革的过程。这两个方面都反映、强化并强调了技术想象中有关变革的假设。

然而，即使在 2000 年代初科技泡沫破灭之后，高知名度的公司仍在不断吸引着投资者去关注那些在短期内缺乏可行性的新技术或者根本不存在的新技术，如希拉洛斯的革命性的血液检测设备。从某种程度上说，优步只是另一种不计成本的增长型商业模式。不惜一切代价实现增长的商业模式放弃了追求赢利的商业行为，转向发展用户群或其他方面的业务，使其能够进行首次公开募股（IPO），然后再通过其影响力主导市场——到那时，他们就可以专注于赢利了。尽管投资界有人质疑首次公开募股"不计成本的增长"模式的合理性，但投资者愿意向优步这样的公司投入资源并最终使其上市——但实现赢利的唯一途径是基于一项尚不可行的技术，而且这项技术尚需数年或数十年才能成熟——这已经不仅是一个"不计成本增长"的商业模式，或在追逐下一个风口了。对优步的融资其实是对这样一种假设的投资，即从人类驾驶的出租车升级为自动驾驶出租车将不可避免地发生，而且很快就会发生。优步和希拉洛斯的两个例子都表明，对技术变革观念的投资多于对技术本身的投资。

优步

对于优步和来福车（Lyft）这样的共享出行公司，人们认为投资的是一种必然会迅速兴起的技术，而不是一家拥有强大商业模式或成熟产品系列的公司。投资理由是建立在升级文化这一假设的基础之上，而从所有标准、核心业务指标来看，这都是一项不理想的投资。2019 年，那些尚未赢利且 3 年内也不可能赢利的公司首次公开募股数量达到了自 20 世纪 90 年代互联网泡沫以来的最高水平。这些数字表明，有关新兴科技公司的投资决策发生了变化。最近，一批科技行业的初创公司在没有任何明确赢利途径的情况下一跃成为上市公司，乍一看，这似乎是不惜一切代价实现增长的商业模式的延续，正是这种商业模式让谷歌和脸书[①]等第一波科技巨头在当今的数字经济中占据了有利地位。然而，我们不能把来福车和优步这样的"软件"公司与最终通过广告获得赢利的通信平台等同看待。对于优步和来福车这样的公司来说，他们自己承认，包括分析师也预测，他们的赢利之路在于使自动驾驶业务，或称自动驾驶出租车市场达到饱和。而自动驾驶出租车的出现和融入社会交通体系是一个复杂的政治文化转变，取决于一系列尚未上市的技术，这些技术即使不是 10 年，也要数年甚至更久才能成为主流。为了实现赢利，共享出行平台需要汽车技术尽快从人类驾驶升级到自动驾驶。

2019 年 5 月 9 日，优步在万众期待中上市。上市之初，优步显然是依靠增长预期来避免破产，依靠升级逻辑来实现赢利。优步在上市前的 10 年间获得了近 250 亿美元的投资，它既是硅谷颠覆精神的宠儿，也是不可持续商业模式的典型代表。正如优步在向美国证券交易委员会提交的 S-1 文件中所指出的，他们目前所处的每个市场都竞争激烈，如果不能继续扩大用户群和增加新用户的重复使用量，他们将面临严重的财务问题。事实上优步曾表示，他们可能永远无法赢利。优步在 2019 年和 2020 年成为上市公司的头 2 年里，就亏损了大约 150 亿美元。分析人士指出，自动驾驶出租车是优步唯一确定的赢利途径。换句话说，人们已经给一家公司投入了数百亿美元，而这家公司的整个赢利路径是

---

① 现更名为元宇宙（Meta）。——编者注

基于实现从人类驾驶升级到自动驾驶的时间，而不是这个假设是否能够实现。

取消人力将对全球出租车行业造成巨大打击。因此，劳动法规是优步赢利道路上的一大障碍。加州第 5 号议会法案（AB5）会迫使这些公司将这些人力司机视为受聘者，而不是独立承包商，并承担相关的福利成本。这一裁决可能会使优步每年的运营费用增加多达 5 亿美元。为了应对迫在眉睫的劳动法规的威胁，优步、来福车和配迅网（DoorDash）承诺为《保护应用程序司机和服务的 2020 提案》（*Protect App-Based Drivers and Services 2020*）投票活动筹集总计 9000 万美元的资金，以促使平台司机免受 AB5 法案的约束。AB5 法案获得通过，但不久后就因第 22 号提案而失效。第 22 号提案规定基于应用程序的司机和服务不受 AB5 法案要求的约束。具有讽刺意味的是，对出租车行业进行监管可能是使其赢利的唯一途径。通过控制司机的供给来管理乘客的需求弹性，出租车公司和司机可以防止由于司机供过于求、市场准入门槛低而导致价格过低无法赢利。控制人力供应仍然是出租车行业赢利的关键——无论是否有自动驾驶出租车。①

---

① 升级文化、自动化和劳动力价值之间的关系尚需研究。例如，麦肯锡报告了自动驾驶出租车的颠覆性潜力，但它从未提及仅在美国就有约20 万名获得执照的专业出租车司机。杰伦·拉尼尔认为，摩尔定律实际上贬低了人类劳动的价值，面对由信息和自动化驱动的未来，人们需要彻底地反思，谁将拥有信息以及拥有哪些方面的信息。

第二章
升级文化的传播

优步的案例表明，人们愿意对即将问世的新技术进行投资，以至于一家不赢利的公司也能基于这一技术即将问世的假设而成功上市。埃利奥特·布朗（Elliot Brown）在总结优步的愿景时说道："最终，机器人将统治世界。自动驾驶汽车将在道路上和空中穿梭，无人机将负责送货。自动驾驶卡车将在高速公路上行驶。而优步将成为这一切的中心。"截至 2021 年年初，这些技术还都无法以可靠的方式实现。事实上，就在优步首席执行官达拉·科斯罗萨希（Dara Khosrowshahi）向投资者们介绍优步将无处不在的愿景时，该公司在之前的 12 个月里累计亏损了 37 亿美元，这是"迄今为止美国初创企业在首次公开募股前一年的最大亏损"。但科斯罗萨希用"如果他们想要一家可预测赢利的公司——那就去买一家银行吧……真正长期的赢利才是我们追求的目标"这样的话来反驳外界对优步赢利水平的怀疑。即使是优步最大的投资者之一、由日本电信巨头孙正义领导的软银，也资助了与之竞争的公司，这表明软银的兴趣在于即将推出的技术，而不是任何一家正在追求该技术的公司。自动驾驶汽车并非必然的新技术，而是投资者为了利用其投资和早期市场地位而试图促成的新技术。这些做法的前提是假设技术变革是快速、永久、必然的。毫无疑问，它们是一场潜在高风险、高回报的"赌博"，但"赌博"的对象是社会技术变革的进程，而不是优步良好的商业基本面。

商业升维

技术变革与文化升级的影响

希拉洛斯

生物技术公司希拉洛斯的案例表明升级文化是如何导致广泛的欺诈行为的，因为人们声称一项看似合理的新技术已经诞生，而事实上却并非如此。希拉洛斯公司由伊丽莎白·霍尔姆斯（Elizabeth Holmes）创立于 2003 年，当时她 19 岁从斯坦福大学工程系辍学，目标是彻底改变血液检测行业。在接下来的 12 年里，霍尔姆斯筹集了超过 7 亿美元的资金，同时吹嘘自己拥有一项突破性的技术，该技术能够用极少量的血液进行一系列令人震惊的诊断和治疗，其成本仅为行业标准实验室检测的一小部分。希拉洛斯贴片将使用微处理器和发射器来有效管理数十种疾病的治疗，其理论基础是将诊断和治疗机制整合到一台设备里，在 2013 年的巅峰时期，希拉洛斯的估值超过 90 亿美元，拥有 500 多名员工，并拥有一个"强大的、与政方关系密切的董事会"，此外还有"富国银行董事长兼首席执行官和退役的海军陆战队上将"。然而 2015 年，普利策奖得主，《华尔街日报》调查记者约翰·卡雷鲁发表文章，揭露希拉洛斯一直向投资者和合作伙伴宣传的技术并不存在。2018 年 3 月 14 日，美国证券交易委员会指控霍尔姆斯和希拉洛斯总裁桑尼·巴尔瓦尼（Sunny Balwani）犯有"大规模欺诈罪"。

在升级文化背景下，人们投资希拉洛斯这样一家建立在貌似不存在的技术上的公司，更像是对技术变革过程本身的一种财务和情感投资。投资者、媒体评论员以及在一定程度上的广大公众，都被霍尔姆斯表面上对昂贵的双头垄断血液诊断行业的颠覆所迷惑。然而十多年后，才有人对这项令人震惊的新技术提出质疑。导致人们被霍尔姆斯的宣传洗脑的原因有很多，其中包括：保密协议、严格的孤立工作文化、投资条款、由政治和军事领导人组成的董事会，但最重要的可能是霍尔姆斯拥有多项美国专利。投资人大部分早期阶段的投资都是基于对一项构思中的新技术（已获得专利）的信念以及被颠覆停滞不前的行业能带来的利润所鼓动。

最重要的是，这三个关于技术变革的假设使技术的飞跃看起来是合理的，而美国专利申请的语言时态要求又强化了这一点，它允许将推测性技术写得好像已经存在一样。霍尔姆斯于 2003 年 9 月提交了她的第一份临时专利申请，申请内容为"能够实时检测生物活性并控制和局部释放适当治疗剂的医疗设备和方法"。电子前沿基金会（Electronic Frontier Foundation）的资深律师丹尼尔·纳扎尔（Daniel Nazar）在对美国专利商标局的评论中写道，虽然霍尔姆斯的设备获得了专利，但：

从任何意义上讲，它都不是一项"真正的"发明。我们知道，希拉洛斯花了数年时间和数亿美元试图开发出有效的诊断设备。与霍尔姆斯最初设想的贴片相比，希拉洛斯专注于开发的台式机器的雄心要小得多。事实上，可以说霍尔姆斯的第一份专利申请只不过是一个热血沸腾的大学生写的励志科幻小说。

纳扎尔解释说，最初的专利成了"公司神话的关键部分"，并指出希拉洛斯在其网站上是这样宣传的：霍尔姆斯离开斯坦福大学后，"根据她的专利和医疗愿景建立了希拉洛斯公司"。这项初始专利将导致希拉洛斯拥有数百项其他专利。纳扎尔指责美国专利商标局未能确保专利符合美国专利法的实用性（发明确实有效）和可实施性（专利包含足够的细节，使其可以制造和使用）原则。他写道："如果申请人自己需要用近乎无限的时间和金钱才能实现发明，那么就不满足可实施性的要求。"霍尔姆斯的初始专利作为企业品牌形象的重要组成部分，帮助她将自己塑造成一个年轻企业家，充满改变世界的雄心和激情，就像乔布斯那样。①

霍尔姆斯最初的设想，即通过简单的血液检测就能诊断和治疗疾病的革命性医疗设备，是建立在她认为血液检测技术的发展速度将与计算机发展同步的假设之上的。将血液检测技术与计算机错误地等同起来是文化升级的结果。霍尔姆斯说，她之所以萌生颠覆血液检测技术的想法，是因为她发现这些技术仍在使用 20 世纪 50 年代开发的基本检测方法。她明确表示，计算机技术的变化是她认为血液检测技术必然会出现突破的灵感来

---

① 虽然最初遭到了大多数教授，尤其是医学教授的反对，但霍尔姆斯还是得到了她在斯坦福大学的导师钱宁·罗伯逊（Channing Robertson）的支持。10 多年后，罗伯逊回忆起 19 岁的霍尔姆斯最初的推销时说"我意识到，我可能就在看着乔布斯或比尔·盖茨的眼睛"。

源。她说："这甚至不是大型机与个人电脑的比较，而是大型机与手机的比较。因此，改变这种模式的时机已经成熟。"从各方面来看，霍尔姆斯是真心实意地推动这项革命性技术的诞生，并试图打破美国国家巨头奎斯特诊断公司（Quest）和实验室公司（LabCorp）在血液检测领域的双头垄断。尽管医学专家和工程师警告说这是不可能的，但霍尔姆斯仍将希拉洛斯视为必然的技术突破。一位希拉洛斯的工程师表示，他被要求做的事情违反了热力学定律，在表达了反对意见后，他被告知："你没有硅谷的思维方式。"

申请专利程序本身也表明，专利既是对现有技术的法律标定，也是对未来要开发技术的法律保护。福特汉姆法学院（Fordham Law School）副教授珍妮特·弗莱利奇（Janet Freilich）描述了这种"预言性专利"的问题，它针对的是尚未开发的技术或依赖于虚拟数据的应用。她指出，即使是在研究中引用专利的科学家，也对美国专利中事实数据与虚拟数据之间的区别感到困惑，认为"令人震惊的是，99%的科学文章错误地引用了预言性专利的例子，好像它们包含了事实信息——这意味着来自专利的虚拟结果污染了科学文献。"弗莱利奇旨在修订美国专利法，以减少对希拉洛斯那样的预言性专利的使用和负面影响。然而，她的研究也揭示了两个层面，这两个层面是理解升级文化、专利和希拉洛斯的"革命性发明"之间联系的关键。

首先，美国专利商标局专利条款第 608 条允许申请预言性专

利，但规定申请书不能用过去式撰写，但没有对现在式或将来式
做出限定。这种语言上的区别至关重要，因为霍尔姆斯在最初的
申请中使用了现在时来描述一个假想的医疗设备。在她申请的美
国专利第 7291497 B2 号上写道：

本发明涉及一种医疗设备，该设备可作为体内的实时传感
器，检测反映疾病或缺陷蛋白质的生物指标，并能释放药物以治
疗疾病。它还通过结合生物微阵列和微芯片技术，提供实时诊断
和药物治疗。

即使按照 2003 年的标准，该专利也可以被解读为生物技术
的合理发展。对于那些不熟悉专利法细微差别的人来说，即使是
相关领域的科学家，也很容易忽略这种语法上的区别。霍尔姆斯
做出了一个战略性的选择，即使用现在式而不是将来式来描述这
项技术。虽然美国专利法对创新技术的将来式和现在式的申请没
有做出区分，但投资信息披露法规却做出了区分。美国证券交
易委员会旧金山地区办公室主任吉娜·崔（Jina Choi）强调指出：
"寻求彻底改变和颠覆行业的创新者必须如实告诉投资者他们的
技术今天能做什么，而不仅是他们希望将来能做什么。"获得美
国专利使霍尔姆斯能够进行合理的企业和个人宣传，从而使这家
初创企业和其魅力十足的年轻创始人获得了投资者的信任。

其次，希拉洛斯在接下来的 10 年中一直在试图发明他们告
诉投资者已经存在的技术。这样一来，他们就好像技术必然会出
现一样。2005 年，霍尔姆斯聘请微生物学家伊恩·吉本斯（Ian

Gibbons）博士担任希拉洛斯的首席科学家。吉本斯的任务是让血液检测技术像霍尔姆斯公开宣称的那样发挥作用。尼克·比尔顿（Nick Bilton）在《名利场》（*Vanity Fair*）杂志独家报道了霍尔姆斯的传奇故事，他指出，吉本斯多年来一直在努力修复血液检测技术，他与霍尔姆斯的关系变得越来越紧张，因为他对这项技术和公司的宣传表示担忧。在希拉洛斯与霍尔姆斯的家族朋友理查德·菲斯（Richard Fuisz）之间的专利诉讼中，吉本斯收到传票后悲惨地结束了自己的生命。据吉本斯的妻子说，吉本斯被迫在揭露希拉洛斯的谎言并伤害他的许多同事，与继续撒谎并可能伤害因检测结果不准确而影响生命的患者之间做出选择。吉本斯选择摄入致命剂量的对乙酰氨基酚，一周后死于肝衰竭。

升级文化之所以能让霍尔姆斯和希拉洛斯的骗局持续如此之久，是因为人们认为血液检测技术会随着摩尔定律的发展而快速、永久、必然地发生变化。在公司内部，对新技术颠覆性力量的信心引导员工去追求看似不可能完成的任务的解决方案。对外，他们能够混淆视听，误导信息，从而使这种说法持续了12年之久，直到出现足够多的质疑声，人们才有理由对技术本身进行认真调查。在此期间，他们与很多国内和国际公司建立了合作伙伴关系。①

① 值得注意的是，并非所有人都被霍尔姆斯骗了。具体来说，谷歌风险投资公司在初步探索后就退出了，而美国国防部在早期测试阶段就对该产品表示了担忧。

商业升维
技术变革与文化升级的影响

2013 年，希拉洛斯开始与沃尔格林合作，公开提供血液检测服务。据《华尔街日报》报道，"尽管沃尔格林从未完全验证过这家初创公司的技术或彻底评估过其能力，但最终还是达成了一项交易，其中包括计划在全美数千家药店中设立希拉洛斯血液检测中心"。从亚利桑那州的 40 家门店开始，沃尔格林试图进入其他医疗保健领域，在实验室和血液检测市场分一杯羹。尽管沃尔格林对实验室和机器本身的使用权有限，但随着得知希拉洛斯还准备与西夫韦（Safeway）公司签订协议，将其作为独家超市供应商，沃尔格林也快速推进此业务。总之，希拉洛斯与沃尔格林和西夫韦公司的合作使这两家公司在建设、扩张和重组方面花费了数亿美元。据报道，仅西夫韦公司就花费了 3.5 亿美元。

投资界以及希拉洛斯牵扯到的人需要解决一个矛盾，一方面是 10 年来对霍尔姆斯的吹捧，另一方面新的现实是，他们一直在投资于一项幻想中的新技术构思，却打着该技术已经实现的幌子。到 2015 年，当卡雷鲁发表文章揭露了希拉洛斯一直在为其名为"爱迪生"（Edison）的专利血液检测机器撒谎时，他们已经获得超过 7 亿美元的投资，这使公司价值膨胀到 90 亿美元。[①] 几乎在一夜之间，霍尔姆斯的财富蒸发了，希拉洛斯公司的价值也一落千丈，因为业界和投资者都认识到了这一欺骗行为的严重性。

2018 年 6 月 14 日，美国司法部指控伊丽莎白·霍尔姆斯及

---

① 《福布斯》在卡雷鲁曝光一年后撤回了此报道。

第 二 章
升级文化的传播

其副手桑尼·巴尔瓦尼犯有"两项共谋电信欺诈罪和九项电信欺诈罪"。美国证券交易委员会指出：

（希拉洛斯）在给投资者介绍产品、演示和发布产品的媒体文章中做了大量虚假和误导性宣传，欺骗投资者相信其关键产品——便携式血液分析仪——可以通过手指滴血进行全面的血液检测，从而彻底改变血液检测行业。事实上，根据美国证券交易委员会的指控，希拉洛斯的专利分析仪只能完成少量测试，该公司绝大多数患者的测试都是在其他公司生产的经过改装、符合行业标准的商用分析仪上进行的。

如果罪名成立，他们每人将因电信欺诈罪和共谋罪面临长达20年的监禁、25万美元的罚款和赔偿。审判日期定于2021年8月。

升级文化的力量在于，它让人们相信奇幻的技术是合情合理的。虽然科技投资者总是在寻找下一个风口，以便在第一时间入场，但升级文化的一个重要指标是此类非理性投资的规模和范围。以优步为例，从2009年成立到2019年首次公开募股，共获得了近250亿美元的投资，并额外募集了81亿美元。在长达12年的时间里，希拉洛斯欺骗了投资者和媒体，让他们相信自己拥有一项实际上尚未发明的新技术。当优步的投资者在等待自动驾驶汽车的升级以获得利润回报时，希拉洛斯的投资者则在等待霍尔姆斯的审判结果以获得赔偿。① 当然，风险投资家的通常做法

① 美国证券交易委员会的指控要求希拉洛斯向投资者返还7.5亿美元。

是四处都投一点，希望能在下一个初创独角兽企业的早期进行投资。但是，要理解为何优步和希拉洛斯的案例会出现如此大规模和大范围的非理性投资，就需要跳出投资实践，解释驱动这些决策的技术变革的根本条件和假设。

我在这里讨论的这些案例涉及媒体制作、信息传递和金融投资，都以各自的方式展示了升级文化的传播。然而，文化实践需要强化和复制。仅将快速、永久、必然的技术变革这一假设在社会生活的各个领域扩散是不够的，还要使这种理念巩固和延续。消费技术行业的营销人员致力于确保新兴技术与未来之间的紧密联系。每年在拉斯维加斯，营销人员、行业专业人士和媒体人士都会参加全球最大的消费电子展（CES），以展示即将问世的新技术，并强化消费技术行业的新产品是先进和具有未来感的认知。

第三章

来自 CES 的
未来愿景

商业升维

技术变革与文化升级的影响

每年都有数以万计的业内专业人士来到拉斯维加斯参加美国消费电子展（CES，前身为国际消费电子展）。2020 年的 CES 被誉为"世界上规模最大、最具影响力的全球科技盛会"，吸引了 4400 家参展商，展览面积达 290 万平方英尺[①]，参会人数达 17 万人。CES 由美国消费技术协会（CTA）主管，该协会是负责行业宣传和游说的专业组织。如今，他们将 CES 宣传为"为期 4 天的科技体验，在这里，行业内的领军人物相互交流，开展业务，一睹科技的未来"。虽然该展会在 1967 年时只有 250 家参展商和 17 500 名与会者，展示音频和视频组件之类的技术，但如今每个行业都有或可能有代表参加该展会。美国消费技术协会写道："全球科技品牌与非传统科技公司相融合，展示创新如何推动所有市场的业务发展，并强化了每家公司现在都是科技公司的理念。"展会无疑令人向往，但是将所有行业都归入科技行业，这其实是对消费技术行业快速、永久、必然变革这一独特组合理念的普及。

CES 将新兴技术作为技术想象中关于未来的主要符号加以推

---

① 1 平方英尺 =0.093 平方米。——编者注

广和强化，从而为科技行业树立了一个具有凝聚力的未来主义形象。CES 延续了世界博览会等大型活动的传统，通过宣传未来必然到来的技术，让与会者眼花缭乱，并吸引了媒体的关注。然而，和那些与民众息息相关的国际性活动不同，CES 为企业经营和消费者提供了便利。它像一个展示行业产出速度的节拍器，有选择性地将该行业普通的 B2B 营销行为转变为面向公众的年度盛会，而实际上公众被禁止参加这一业内人士专属的贸易展。[①]虽然 CES 是一个企业的公关活动，目的是以公共展览的方式帮助推广即将推出的新产品，但展会上的大部分活动实际上都是常规的市场营销和销售工作。因此，对展会的新闻报道在这一行业组织的业内人士活动与普通公众之间起到了关键的中介作用。媒体报道着各种快速、永久、必然到来的新兴技术，这些科技奇闻也预示着未来（见图 3-1）。简而言之，CES 是消费技术行业集体创造未来的地方。

如果现在每家公司都是科技公司，那么该行业的经营方式——尤其是其商业模式和营销方式，就会与全球资本主义的结构紧密交织在一起，尽管现在还未达到这一状态。通过 CES 等活动，美国消费技术协会试图将高科技行业定位为所有技术及其文化意义的仲裁者。他们努力使自己的技术成为未来的代名词。

---

① 参会者必须事先凭企业证书登记，并始终在展厅内佩戴参会者识别挂绳。注册信息很简单，但很难核实。例如，在登记为广告商时，我被问到对客户的广告预算有多少控制权。

图 3-1　上图：一个印有 CES 徽标的大拱门是展会入口的标志，中间是一条人流拥挤的大道，两侧是成千上万的展品和展台；下图：标牌上写着"5~10 年后的家居用品现在就在眼前"

CES 是该行业实现这一目标的关键活动。来自 CES 的"未来愿景"不仅为科技行业的产品打上了未来概念的烙印，还重建了文化与技术的关系。例如，当女性在 CES 上被表现为新兴技术的装饰品时，就强化了阻碍女性在该行业取得成功的性别问题，并强化了文化想象中男性对技术的所有权。因此，展会所呈现的外观和给人的感觉——它的特色——与产品本身一样，都是未来的标志。CES 将工业产品作为未来的标志加以复制和强化，体现了展会的营销文化。

然而，CES 上的大部分工作并不是以最大的展台或最大的噱头来吸引媒体的注意，而是繁重的日常工作：招揽生意、完成拜访指标、调查参会者，甚至是找时间吃饭和休息等简单的事情。[①] 在注册展位时，美国消费技术协会网站的在线表格会提示用户在以下 CES 的营销目标之中选一个：推出产品、获得媒体报道、创造商机、举办会议或提升品牌影响力。贸易展的核心是英特尔和索尼等全球大型公司宣传其品牌和最新产品的展台。虽然媒体关注的焦点是最奢华的展台和最新奇的产品，但注册的目标表明，CES 上的营销行为就是安妮·巴尔萨莫所描述的人们构建世界的行为，随着时间的推移它重建了技术文化。

在《设计文化》一书中，巴尔萨莫指出，人们设计"创新技术"的工作文化重建了技术本身的文化进程。她在施乐帕罗奥多研究中心（Xerox Palo Alto Research Center）进行的人种学研究展示了设计师如何将他们的假设、价值观和观点（尤其是性别观点）融入他们创造的技术中。她指出，随着时间的推移，创新往往是重建现有技术和文化关系（或称技术文化）的一种机制。她

---

① 事实上，有一类关于"CES 排队"的玩笑。这些玩笑可能是关于排队买食物、排队使用洗手间、交通堵塞或排队看热门展品时发生的笑话。

写道：

当人们参与到"创新"的活动中时，他们的技术想象力就参与了一个复杂的意义创造的过程，在这个过程中，技术和文化都被重新创造出来。被再造的是一种特定的（具有历史特殊性的）技术文化形式。

同样，CES 的营销人员也利用技术想象力来嵌入他们对技术和文化的假设，如变化的速度、便利的重要性以及女性在行业中的角色。CES 的营销活动直接"参与到有形世界的实践中，为未来的世界创造了条件"。从这个意义上说，CES 通过提供年度盛会整合了人们在物质层面、宣传交流层面和情感层面的各种活动，重建了行业未来世界创造和新兴技术之间的关系。

总体而言，CES 的营销实践旨在将新兴技术转化为未来的标志，但这种话语权并非从 CES 向外单向传播。营销人员处于一个由 CES 规范和习惯构成的共同背景中。尽管从技术上讲，CES 是不对公众开放的，但它的营销文化并没有脱离公众，因为 CES 的主要目标之一就是通过利用新闻报道为新兴技术开拓消费市场（见图 3-2）。由于 CES 的半透明性，展会上的性别问题受到了公众越来越多的关注，特别是广泛使用女模特（俗称"展台美女"）来推广展品和新产品的营销策略。虽然在 20 世纪 90 年代就有人提出过批评，但在整个 21 世纪 10 年代，记者和女权主义活动人士施加的压力越来越大，导致展会文化发生了转变，企业不再使用那些对所宣传的产品知之甚少的女模特，而是使用着装

图 3-2　一系列大屏幕实时显示有关 CES 在何时何地以及获得了多少
媒体曝光的数据

更专业、训练有素的品牌大使。2019 年年底，在 2020 年 CES 召
开之前，美国消费技术协会以职业着装规范的形式将这一文化转
变正式规定下来。从未经训练的比基尼模特到专业的品牌大使，
这一转变虽然不是性别权力的根本转变，但确实代表了在性别和
经济平等方面取得的一定程度的进展，并减少了在专业环境中对
女性身份的贬低。如果说 CES 通过将其产品转化为未来的标志
来维持技术想象中的变革假设，那么将女性作为专业人士和技术
创新者而非技术装饰品来展示，则是在未来的技术文化中实现更
多平等的重要一环。

新闻报道

新闻报道对于 CES 来说至关重要，因为它在展会上的 B2B 营销活动与普通大众之间起到了中介作用，从而强化了人们对技术变革的想象。展会作为中心，控制着行业产出和营销活动的节奏，而媒体报道则向公众传递有关即将推出的新产品的信息，为把新技术有节奏地转化为面向终端市场的大众消费技术做好准备。报道也帮助新设备平稳地过渡并融入现有的文化背景和日常生活中。例如，"CES 最佳产品"榜单几乎总是包括微波炉、尿布和门锁等现有产品，这些产品被重新"武装"为新技术，一切都可以无限升级。随着时间的推移，对 CES 的新闻报道将技术变革过程本身放在首位，以维持人们对层出不穷的消费电子产品的期望。

其结果是，媒体对 CES 的报道强化了这样一种观点：技术变革的过程是需要管理的，因为无论人们是否想要，新技术都会到来。对未来的"偷窥"为消费市场做好了准备，这样他们就能在"知情"的情况下决定购买哪些新兴技术。虽然美国消费技术协会将 CES 的新兴技术定义为引领未来趋势的技术，但同样真实的是，它也预示着之前的趋势和产品将被淘汰。每年的展会及其相关报道都会强化这样一种观点，即技术变革是快速、永久、必然的，人们必须采取相应的行动。

报道 CES 的一种方式就是有选择性地放大展览上的某种产品和活动，让公众的注意力始终集中在该行业快速、永久、必

然的新产品上。2019 年，在报道的 160 498 名展会观众中，有
6008 人被认定为"媒体"参会者。美国消费技术协会声称，共
有 226 273 次媒体点击，包括印刷媒体（8825 次，占 4%）、广
播媒体（20 357 次，占 9%）和网络媒体（197 091 次，占 87%）。
他们进一步细分了线上点击部分，指出在展会期间，社交媒体上
有超过 900 000 次提及 CES2019，每小时推广文章数量超过 5000
条，展会在照片墙上的浏览量达到 120 万次。新闻报道通过对报
道内容的选择性编辑以及展示新的产品技术以取代旧产品，在展
览和公众之间起到了中介作用。虽然 CES 肯定有相信技术乌托邦
式的拥护者，但新闻宣传中更有影响力的方面是对单个品牌的推
广或产品的累积推广，这些品牌或产品聚合在一起，维持着由层
出不穷的新兴技术所定义的未来愿景。就像本书开头提到的叠衣
机器人衣卓糟糕的推广一样，让公众关注机器人终有一天会为人
类叠衣服的必然性，比让他们关注产品原型的操作失败更为重要。
媒体的报道强化了这样一种观点，即未来是由快速、永久、必然的
技术变革所定义的，而这种变革的方式超越了人们对未来的想象。

　　尽管 CES 的宣传有时是技术乌托邦式的，但到 21 世纪 10
年代末，大多数报道都淡化了新技术曾经为人所崇拜的典型的宏
伟气势。1970 年，詹姆斯·凯里和约翰·奎克注意到，围绕未
来新兴技术的宣传往往充满了"世俗的信仰"。例如以下评论中
出现的这种文风：

　　又一年。又一个 CES。再一次感受真实的生命滋味。在拉斯

维加斯感到活力四射，在 CES 体验声、光、电的幻境。精神与心灵的过电，一年只有这一次。

然而，这种对 CES 的欣喜之情——凯里和奎克称之为"电子的崇拜之颂"——如今已成为少数。2020 年的绝大多数新闻报道都是对展会产品的直接测评。[①]

例如，科技资讯网 C|net 派出了 90 名记者参加了 2020 年的 CES，经过"不知疲倦的"演示和闭门产品测试，他们编制了一份二十大创新技术产品清单。这份榜单包括：一个掌上视频游戏设备、两台笔记本电脑、两部智能手机、一台洗衣机、一台烘干机、一把门锁、一个扬声器、一种肉类替代品、一块手表、一只机器狗、一台化妆机、一台电视、一把牙刷、一个微波炉、一个假体、一辆汽车、一块尿布和一个假肢。每种产品都拥有一些升级功能，如屏幕分辨率、自动功能或传感器、无线网络和数据追踪，从而能"更智能地"管理生活。用事实说话，例如：可折叠屏幕的智能手机；可联网的家用电器；对老年痴呆症患者安全的机器治疗犬；可测量睡眠模式的尿布；可定制阴影和颜色的化妆机。甚至连科技资讯网也在文章开头对 CES 上的新兴技术产品带着些许嘲讽的口吻：

在 2020 年的 CES 上，超过 4500 家公司展示了他们的最新

---

① 事实上，公众对 CES 的兴趣可能正在下降。谷歌搜索"CES"的次数比 2010 年的峰值下降了约 50%。

产品，科技资讯网的 90 名记者团队走遍了每个展厅的每个展位，并参加了数不胜数的闭门举行的产品说明会。在不知疲倦地聆听了企业介绍和评估新技术之后，我们挑选了如下这些在展会上最受人喜爱的产品。我们的这份名单偏向于那些已经确定了实际发布日期的新产品，或者那些公司至少打算实际推出的新产品，而不是那些概念性或处于实验阶段的产品。

"数不胜数""不知疲倦""实际发布日期"等字眼都说明了 CES 的装腔作势、冗余和令人疲惫。就连媒体边缘网（*Verge*）也不例外，尽管他们在 2014 年发表了令人兴奋的评论，但在 2020 年 CES 结束时，他们似乎失望地写道，今年的主旋律是"概念"，因为这是一个没有实质内容的大型展会，他们评出的最佳技术是一台联想笔记本电脑。

报道 CES 的记者们的这种愤世嫉俗的态度，凸显了新闻机构在使技术变革的快速、永久、必然的假设正常化方面起的作用，他们并未通过烘托技术的光环来打动消费者。报道褪去了最乌托邦式的内容，剩下的只是描述了一个由日常营销行为组成的展会。媒体的共同努力强化了消费技术行业的未来主义特征，并确保了升级文化成为基本准则。

未来让人疲惫

CES 让人感到匆忙、急躁和疲惫。它的特点是，一个行业热衷于永远地颠覆和淘汰过去的自己。无论对于新人还是资深参展商，这些情感取向洋溢于整个展会上。展会上的时间变得非常宝贵，展会安排几乎没有为吃饭或休息等基本活动留出空白。如果说 CES 代表着未来，那么这个未来让人感到疲惫。在熙熙攘攘的观众中，经常可以看到参展商在展位上打盹儿或匆忙吃饭。在最能吸引媒体注意力的最大展位所在的主干道之外，与会者会找一些角落、走廊和柱子靠着打盹或吃东西。而在媒体注意不多的展区，则给人一种参会者在流浪的感觉（见图 3-3）。展馆内分散设有餐厅，但除了几个餐饮中心之外，很少有可以坐下来吃饭的地方。展馆周边的一些小店有站立服务的柜台，也有一些零散的长凳，但与会者更愿意能随时找到个坐的地方，边吃边休息一会儿。

图 3-3　2014 年 CES 展会上在垃圾桶边吃午饭的参展商（照片由作者提供）

第 三 章
来自 CES 的未来愿景

在 2014 年展览参会第一天的中途，我注意到中央大厅入口处有一辆供应三明治的餐车。当时只有几个人在排队，所以我决定停下来吃午饭。我点了一份长面包火鸡三明治和一瓶水。我要保证随身携带一些水。起初我并没有意识到，我对食物和水的态度隐约带有生存主义色彩。我总是随身携带水和一些燕麦棒。我不是在饿的时候找机会吃东西，而是在最方便、最适当的时候吃。起初，我不想因为脱水或饿得无法集中精力而中断调研。但我很快意识到，这个事情本身就是展会事件的一部分，值得研究。食物并不稀缺，但少数几家提供食物的摊位总是排着长队，点餐往往需要等待 20 分钟或更长时间。

拿到三明治后，我四处寻找吃饭的地方，我第一次注意到，展会上可以坐的地方少得可怜。我看到有人把闲置的移动设备当临时午餐椅。在周围转了一圈发现没有地方可坐后，我又回到了一台小型电池驱动的机器旁边，我猜想这台机器是用来在馆内搬运设备的。这并不是一个吃午饭的好地方，但在这种情况下，我觉得有机会歇歇脚也是一种解脱。一个男人在我旁边的机器上坐了下来。我们边吃边随便聊了几分钟。他经营着一家信息技术和计算机网络公司，自称已经工作了 57 年，现在由他的儿子接手。我猜他的年龄不会超过 60 岁，所以我想这不过是一句玩笑话。他一直用家长式的口吻讲述着如何在这么动荡的行业中生存下去。他说，在一个瞬息万变的行业里，要想不被淘汰，唯一的办法就是观察大公司的做法，然后紧跟他们的步伐。对他来说，参加 CES 是了解行业动态的必经之路，这也是他成功的关键所在。展览为他提供了了解行业趋势的机会，这是他通过阅读行业期刊或其他渠道无法获得的。

在 CES 的第三天，我得知了原来一些展会老手会在远离展会现场的秘密地点吃午饭。午饭时间到了，我在一个主展厅的最里面，还不知道去哪里找吃的。我顺着空气中的饭香味，逆着那些手拿食物的人流向前走。最后我找到了一个人们正排着长队买三明治的地方。一名男子排在我前面，另一名男子兴奋地走过来打招呼。他们很亲热地拥抱在一起，这个互动方式表明，他们是朋友关系或者至少是长期的同行。这两个人看上去都是 50 多岁或 60 岁出头，显然已经有一段时间没有见面了。从他们的谈话中得知，很长时间以来他们一直在参加 CES。让我感到好奇的是，他们的谈话中有很多内容都是在商量吃饭的时间和吃饭的地点。他们都很匆忙，但都很耐心地尊重对方的时间行程。一个人很着急，因为他马上要开会，但又不至于匆忙到无法等到排队的那个人吃完三明治。他们讨论了过去吃午餐的一个隐蔽地点——秘密楼梯间！座位如此紧张，以至于这些资深的会议参加者为了找地方坐，都会去一个秘密的楼梯间，这本身就说明了要找到一个合适的座位是多么困难。

没有座位或休息区反映了升级文化的逻辑。当必然发生的变革迫在眉睫时，就没有休息的时间和空间。为数不多的公共休息区都打上了企业赞助的标记。例如，由福特公司提供的边缘休息室。这里大概有 20 个中世纪休闲躺椅式的座椅和充电站。这里还提供免费咖啡和茶，并鼓励与会者在社交媒体上发布打上标签的信息。在为期 4 天的 2014 CES 展会期间，共有 16 条推文使用了"#边缘休息室"标签。其中 4 条推文是由推特①用户@利·安娜（Leigh Anna）发布的，她的描述是："我是一个热爱运动的底特律女孩，在快节奏的体验式营销世界里过着典型的美国梦生活！"她的 4 条推文都在宣传福特，但没有一条表明她真的参加了 CES。还有几条推文在感谢福特提供的免费咖啡。

排队的时候，我开始环顾四周，看看哪里可以坐下来吃东西。我发现，在三明治店和一些小展位之间的走廊上，有几个人靠墙坐在地上。我排了大约 30 分钟的队，才买到一份 22 美元的鲁宾三明治，还有薯片和水。我决定，如果三明治能及时送到，我就尾随那两个人到秘密楼梯间。但可惜的是，我的三明治送来的时间太晚了，我还没来得及跟上，他们就已经离开了我的视线。我走回拐角处，看到人们坐在墙边的地板上。我的脚很疼，真想坐一会儿。于是我坐了下来。过了一会儿我才意识到，这个位置之所以空着，是因为它紧挨着一个垃圾桶。在专业展会上，如果坐在垃圾桶旁边的地板上吃午饭并不体面。不过，我并不是一个人蹲在垃圾桶旁边的过道上，所以我们这样做还算正常。这种漫无目的的流浪感，是一种公开敌视连贯性和平衡性的文化所带来的预期结果。

---

① 已更名为 X。——编者注

展台

CES 的核心是谷歌、索尼、三星、英特尔、思科和高通等行业领先企业的巨大展台。尽管各公司通常对其在 CES 上的营销预算讳莫如深，但费用从最少的几万美元到最多的数百万美元不等。例如谷歌的户外布展就是引入拉斯维加斯的单轨列车来展示品牌（见图 3–4）。据《纽约时报》报道，2007 年迪杰欧公司（Digeo）花了 2.45 万美元购买展位，相当于每平方英尺 35 美元，迪杰欧为参加此次 CES，总共花费了 50 万至 100 万美元，派了29 名员工。

图 3-4　2018 年 CES 上谷歌的室外布展以及拉斯维加斯单轨列车上的品牌宣传（照片由作者提供）

2020 年，非美国消费技术协会会员的展位标准价格为每平方英尺 46 美元，会员价格为每平方英尺 41 美元。例如，在会展大厅最小的展位占地面积为 10 英尺 × 10 英尺，展位费约为

4600 美元。公司还需支付运输、搭建、拆卸、展位图案设计和基础设施等费用。一个 20 英尺 ×30 英尺的普通展台，仅展台设计和材料费就高达五六万美元。此外，还有营销资料、产品演示和其他旨在吸引与会者和媒体进入展位的赠品的费用，以及员工的相关差旅、食宿费用，还有帮助吸引与会者的模特或演员的费用。在 2020 年的 CES 上，三星占据了最大的展位，面积达到 3370 平方英尺，仅展位费就花了约 15 万美元。总的来说，像三星、松下、索尼、英特尔和高通这样为吸引媒体关注、展示产品和树立品牌而设立的展台通常都要花费数百万美元。但在 CES 上，绝大多数参展商都会购买中小型展位，以推广面向利基市场的产品和服务，或寻找分销商、零售商和制造商。毕竟，CES 是一个 B2B 的贸易展。

对于这些中小型公司来说，展位位置远比展位大小更重要。展位位置决定着一家公司在 CES 上的收获。因此，美国消费技术协会采用了一套严格的评分程序，根据资历（连续参展年数）、展位净面积、会员资格、赞助费用、在 CES 亚洲展的参展情况以及在协会官方刊物 i3 上购买广告的情况进行评分。在所有这些类别中，花费越多，获得的优先积分就越多。例如，购买超过 15 000 平方英尺的展位可获得 4 个额外积分。同样，在 CES 上花费 2000 美元至 50 000 美元不等的赞助费，也可获得 1 至 5 个额外积分。积分将在当年展会结束后立即进行统计，以确定企业下一年度展会可选择的位置。

商业升维
技术变革与文化升级的影响

对于花费大量营销预算参加 CES 的小公司来说，展位位置至关重要。在一些主要通道上，进出展位的人流量最大。会展大厅中间的主干道上一般都是知名企业和品牌的大型展位，而小公司的展位则呈扇形向周边延伸。靠近大型展位可以帮助公司吸引人流，但也可能产生光环屏蔽效应，使它们不那么显眼。如果一个小展位的位置不便于与会者从主干道进入，那么参展商往往会错失许多让与会者接触其公司宣传的机会。2014 年，我与佐治亚州亚特兰大市一家高性能 LED（发光二极管）手电筒制造商的营销和销售团队进行了交谈。他们对展位位置在最后一刻发生的变化感到非常愤怒。我是无意间看到他们的展位的。我沿着南厅顶层的主干道走。当我走到通道尽头时，正准备掉头往回走。走廊尽头只有我一个人。这是我第一次、也是唯一一次身处一个主要展厅但身边却没有人。虽然这看起来是小路的尽头，但我还是想知道拐角处是否有展台，结果让我有点惊讶。当我走到拐角处时，发现有一个展台，上面摆放着手电筒的大幅图案，中间有一张展示台，它就藏在面向拐角墙壁的过道后面。营销团队都是男性员工，他们焦急地在展台前徘徊，等待着能有人前来交谈。当我漫步走进他们的视线里时，他们一下子站了起来，问我是否需要什么。我询问他们的展会进行得如何，坐在展位后面的公司总裁回答说，这里人流稀少。展会快要开始了，他们才接到通知，公司的展位位置发生了变化，原来的位置更靠近交通枢纽。最后一刻的改变使他们从一个不错的位置变成了展会上最差的位置之一。他对

"有钱能使鬼推磨"的做法表示失望，并表示这一定是由于他们没有花足够的额外费用来获得优先积分，以保住原来的展位位置。

还有另一种情况，一位最初对自己的展位位置很满意的汽车售后配件经销商也表达了类似的沮丧，因为他发现自己的展位离北大厅的主要交通通道很近，可以看到成群结队的行人，但人流却很少向他的方向分流。在他的展位和主通道之间有一个装有大玻璃板的大展位。让他感到沮丧的是，这个玻璃板实际上让他清楚地看到了自己没有得到多少人流量。他说：

从他们漂亮的展台玻璃幕墙上，你能看到他们展前的通道。看到所有的人流从东向西移动，真是令人惊叹。就好像你在外面看到了这场盛大的贸易展，但你并不觉得自己是其中的一部分。

他估计，哪怕再过一个过道，人流量就是现在这个位置人流量的 10 倍。可惜无论展会中的哪个时段，那些络绎不绝的与会者就是不从主通道转入他边上的过道。

观察 CES 的一个主要的文化视角是，展位规模和参展商的营销目标在决定他们与参会者的互动方式。2014 年和 2018 年，我都穿着职业装，背着装有单反相机的斜挎包参加了展览。在参观 CES 的不同展位时，我经常会得到不同的待遇。对于大型展位而言，我只是一个拿着相机的观众，而他们的目标旨在吸引大量人群和媒体的关注。这类展位的工作人员都很友好，而且训练有素，对他们所推广的产品都能说得头头是道。而对于许多中等规模的展位，工作人员并没有兴趣与我这样的与会者交流，此举被认为是浪费时间。通常这些展位寻找的是真正的销售机会。因为我研究的是企业如何向其他企业营销，所以大多数人都不想把有限的时间和精力浪费在我身上。还有一些企业参展的目的是将与会者纳入其社交媒体平台，利用 CES 的盛况让他们的品牌在线上的表现更正规可信。还有一些小公司的展位很小，它们在CES 上参展的目的是创造销售机会，在行业参会者面前"一举成名"，但它们的展位设计并不能容纳面向大众的媒体人群。在这些小展位，我经常被当作潜在客户对待。

像音频企业数码影院系统公司（Digital Theater Systems，DTS）在设计他们的大型展台时，将创造用户体验作为一种策略，以产生引发媒体报道的"轰动效应"。数码影院系统公司是一家开发音频技术的公司，然后将其授权给扬声器和耳机制造商。例如，作为家庭影院系统中声音编码/解码的基础技术服务商，他们与杜比公司（Dolby）展开竞争。在 2014CES 上，他们向耳机制造商推广其新的"耳机 X"（HeadphoneX）技术。为了推动耳机零售制造商申请授权这项技术，数码影院系统公司设立了一个巨大的展台，旨在吸引大量人流和媒体的关注。与英特尔一样，如果消费者认为计算机或家庭影院音响系统等终端设备通过联合品牌合作能得到改进，那么杜比或数码影院系统公司等 B2B 品牌的知名度对消费者来说就很重要。

他们的展位面积约为 100 英尺 ×40 英尺，采用了特殊造型的木板进行装饰。展位的北端横着一个比真人还大的智能手机造型展台，俯瞰着一大片人群聚集区。现场主播在智能手机造型的展台内的舞台上播放着音乐。与会者挤在舞台前的圆形小舱里。尽管音乐的音量很大，但圆形小舱中的新型耳机却能营造出一种可定向定制环绕声的听觉错觉。与会者可以选择自然聆听环境音乐或通过该公司的耳机来收听。

巨型手机的"屏幕"正面和背面都是开放的，因此人们可以走过展台，回过头来观看表演。其效果就像在自己的智能手机上观看主播为众多观众表演的视频一样（见图 3-5）。主播被固定在"手机边框"内，而"手机边框"则是一个玻璃触摸屏。一对年轻女舞者在主播的两侧翩翩起舞。舞者和主播似乎是为了给展

图 3-5　从观众视角看 2014CES 的数码影院系统公司的展台
（照片由作者提供）

台营造一种俱乐部的氛围。舞者有专门的平台，但可以在智能手机舞台内外移动。[①] 舞台和"手机"的尺寸使其产生了一种非常引人注目的视觉错觉——尤其是在佩戴耳机的情况下，这引起了媒体的广泛关注。

最后，人群来到展台后面的一个封闭影院。穿梭在排队的人群中，我发现自己和其他十几位与会者一起站在一个小型影院里。我们拿到了一款"革命性"的耳机，它可以模拟环绕音频。一位发言人像听力测试一样带领我们进行演示，指出我们应该在何时何地听到来自左前方或右后方的声音。像数码影院系统公司这样创造新奇体验的展台继承了世界博览会的传统。然而，参会者并不是为了获得震撼和惊叹，而是为了获得一种有崇高感的时尚。数码影院系统公司的宣传资料和信息并不新奇，而是让人充满期待。他们的宣传资料将公司的耳机 X 技术描述为离开它就一定缺少了什么东西："您的电影、音乐和游戏音效与艺术家的原声一模一样。"好像在说：你的耳机怎么还不能产生定向声音？与那些很早以前承诺过的却还没能实现的未来飞行汽车和火箭推进器背包相反，数码影院系统公司告诉观众，他们的耳机早就应该出现了，他们早就应该对它们有所期待了。这意味着观众必须通过升级才能获得他们不知道自己已经错过的东西。

其他公司通过鼓励使用社交媒体，将与会者转变为其活动的

---

① 舞者就是通常所说的"展台美女"。

宣传者。2014 年，康宁（Corning）公司在 CES 上推出了抗菌大猩猩玻璃™，他们利用推特的活动来扩大展会影响。展台设计以巨大的大猩猩形象为背景，吸引了与会者（见图 3-6）。通过悬挂的康宁大猩猩玻璃标志，该展台占据了周围的视觉空间，向附近的行人提示了确切的位置。其展位一侧是三星展台背面的通道，另一侧是会展中心的墙壁。展台的位置很好地捕捉到了来往三星展台的人流。就像购物中心一样，大型有吸引力的展台成为展览空间的锚定点，而小型展台则占据了大型展台之间的空间，

图 3-6　康宁公司 2014CES 上的展台和推特发帖截图[①]（照片由作者提供）

[①] 推文中文字意为：亚当·罗廷豪斯，#始终坚硬，康宁大猩猩™社交媒体推广。#CES2014。——编者注

以此来吸引穿梭的人流。康宁展台的几张桌子上摆满了采用了新型抗菌大猩猩玻璃的产品。展台上甚至还留出了媒体采访的空间，以促进新产品的宣传。除了展台上的产品手册和资料外，康宁还利用社交媒体提高品牌在公众的知名度。来展台的观众可获得一枚纽扣，上面印有展台大猩猩的照片，并印有"# 始终坚硬（AlwaysTough）"和康宁的网址。观众只要戴上纽扣，自拍并发布在推特上并贴上相应的标签，就有机会参加随机抽奖，奖品是用新型大猩猩玻璃制造的平板电脑。公司会不断追踪社交媒体与受众的互动情况，以此作为企业是否在展会上成功提高新产品知名度的衡量指标。但是康宁公司在 CES 上发布新产品的社交操作却令人大跌眼镜。只有 31 人上传了自拍照并打上了"# 始终坚硬"的标签，这其中还包括我。

营销人员通过吸引与会者在社交媒体上与其品牌互动以换取奖品和小礼品，使与会者成为企业提升知名度策略的一部分。这样做可以让个体参与到产品推广中来，并使行业代表未来的形象正规可信化。在创建社交媒体宣传渠道然后被媒体报道的过程中，公司通过参会者的个人社交媒体账户，扩大和加强了快速、永久、必然的变革理念。参与这些宣传活动的个人也强化了 CES 的形象：一个让人们体验未来的地方。在康宁公司，我通过推特的帖子和标签向公众表明，我可以接触到他们还无法接触到的技术。虽然没人明确说出来，但与会者的这种参与式营销行为让行业创造了这样一个声势，即未来公众将会看到层出不穷的新消费技术。它使技术变革发生的过程和地点自然化，这种变革从 CES 开始，并通过社交媒体和新闻报道向外辐射。

其他参展商的目标是获得潜在客户，并与供应商或分销商建立合作关系，他们对像我这样目不转睛，好奇心重的观众就没那么有耐心了。我走到一个外形很稳固的中型展台前，此时展台前还没有任何观众。参展商似乎是一家面向企业客户的组件制造商，而不是面向消费者的品牌，因此我对他们的营销策略很好奇。一位身着公司统一服装的中年女性站在接待桌后面，手里拿着产品资料。我询问是否可以找人谈谈他们的营销和展台设计。她叫来一位身着企业马球衫和休闲裤的中年男子。他一直在和另一位同样穿着公司统一服装的男士交谈。我做了自我介绍，并说我正在研究企业如何在展会上向其他企业推销自己。他低头看了看我挂绳上的名牌，上面写着我是"亚当·罗廷豪斯博士"，然后随口说："除非你是工程学博士，否则我没时间和你谈。"然后，他走回桌旁，继续与同事交谈。对于那些对展会获得的潜在客户和联系人有特定指标的公司，或者正忙于和已有关系的企业会面的公司来说，时间是绝对宝贵的。他们对普通大众以及像我一样来此不是拓展业务的学者都不感兴趣。对于许多这样的公司来说，大张旗鼓的宣传和拥挤的人群可能会分散他们的注意力，影响他们在展会上实现营销目标。

最小的 CES 展位远离了媒体的喧嚣，感觉就像处于一个完全不同的展会。在 2018 年的 CES 上，设计与资源大楼是一个临时展厅，建在拉斯维加斯会展中心旁边的停车场上。大楼内主要是来自东亚的小型组件和产品制造商，他们正在寻找来自世界各地的制造商、分销商和零售商建立合作机会。与主展厅挤满了探寻下一个新兴技术的参会者和媒体不同，这里的参会者都是来开展业务和推销产品的。即使有记者，也是寥寥无几。事实上，我在设计与资源大楼里待的这段时间里，没有看到一个人拿着单反相机。这里感觉就像一个完全不同的展会，一个更传统的展会（见图3-7）。在这里，我总是被当作潜在客户对待，因为 CES 的这个展区没有散客或媒体。无论我如何解释我是一名学者，而不是想要购买产品的人，参展商们还是继续向我推销他们的产品。[①]更激进的营销人员会在大楼里四处游荡，向那些愿意接受他们资料的人派发资料。这意味着通道和公共区域内到处丢弃着大量的营销资料。我捡起一本放在长椅上的目录，上面附有一位名叫莉迪娅（Lydia）的女士的名片。我随手翻了翻，然后把它放进包里，继续在大楼里转悠。没过多久，一位女士走了过来，一边递给我营销资料，一边问我有什么业务需求。当我读到名片上的名字时，她介绍说自己叫莉迪娅。我笑着说，我已经有了她的资料。她很惊讶，问我怎么会有。我告诉她是在长椅上发现的。尽管我说自己是个学者，她还是硬着头皮向我推销。好像说我是教授就

---

① 我是一名学者而非潜在客户这一信息无法有效传达，究竟有多大程度是由语言障碍导致的，目前尚不清楚。

等同于说"不，谢谢"——销售人员会试图突破这个障碍。最后，我把多余的资料还给了她，然后继续往前走。

图 3-7　2018CES 上的设计与资源大楼走廊

我在一家销售手电筒的公司展位前更是体验到了这一点，该手电筒的电池足以启动汽车。当我路过时，他们邀请我进入展位。他们给我倒水，请我坐下。我谢绝了他们，并坚持说我不是顾客，而是学者。他们问了我的业务需求和客户需求——B2B营销和终端营销的一个重要区别就是要始终把客户的客户放在心上。我重申，我是一名从事研究的大学教授。"啊，那么你的客户需要什么呢？"我再次重申，我不是寻找产品的经销商。这时，他们坚持要我和他们合影。我答应了，并把我的大学名片给了他们。[①]我看着他们对接下来走过的几个人做着同样的事情。收集联系信息和拍照留存可以用来衡量展会的效果，并证明 CES 是一笔值得的开支。对于小公司来说，可以采取很多形式来证明参加 CES 的营销投资回报，包括收集名片、联系方式、统计分发的营销资料数量以及与联系人合影。所有这些都可以作为证据，证明在 CES 上设立展台的巨额开支得到了回报。

会议

对于以维持供应商和分销商关系或创造新的潜在客户为主要目标的公司而言，会议空间是 CES 的重要组成部分。为了帮助企业实现这些目标，CES 为参展商提供了各种资源，包括聘请公关公司、列出新产品发布清单、在展位或会议室组织媒体活动等。仅拥有最大的展位并不总能获得营销人员所期望的媒体关注。很多时候，必须辅以特别活动、预先安排的公告或私人演示，让记者有机会在幕后近距离了解产品。正如媒体技术断点（Tech Crunch）派往展会的记者所说："CES 的目的不是创新，而是与潜在买家建立联系。"与展位分开的会议室是展会营销工作的一个重要方面，但在活动报道中却看不到。

为了举行会议，公司会在展厅或附近的酒店租用会议空间，

---

① 多年以后，我偶尔还会收到他们发来的电子邮件。

以扩大展览影响。会议空间从简单的会议室式布置到接待套房，甚至还有专门用于演示音频产品的空间，而这些产品在展会现场是无法演示的。例如，演示新的扬声器需要合适的声学环境，而这在主展厅是不可能实现的。这些会议室通常毗邻展厅，为公司开展必要的市场营销和销售工作、建立和管理合作伙伴关系提供了隐蔽空间。北厅的会议室位于二楼，毗邻展览空间。乘坐电梯不久，人们就会来到一条白色的、长长的、似乎没有尽头的走廊，走廊两边都是门，每个拐角都通向另一条走廊。人们在寻找会议地点时可以使用地图来引导方向。

正如一位参展商向我解释的那样，会议室才是 CES 真正的工作场所。展台只是吸引人的地方，而会议室才是业务活动发生的地方，其他一切都只是为大众装点门面而已。虽然与会者多多少少可以在会议室外的走廊随意溜达，但会议室本身是封闭的。有些会议室区域甚至有保安人员看守，防止一些突然到来的与会者或不请自来的媒体记者进入，以防他们试图获取保密的产品和信息或尚未公示给新闻机构的产品和信息。然而，并非所有会议都是非公开的。

在 CES 上工作具有象征意义。在展览期间，展台上工作的员工就是公司品牌的生动体现，他们忙碌的身影可以为公司塑造充满活力的形象。那些在醒目的会议室中高效率工作的员工也强化并规范了企业的文化形象。有些参展商，如高普乐公司（GoPro），甚至建造了玻璃会议室供与会者和媒体使用，以强化规范的企业文化形象（见图 3-8）。高普乐有多间相同的会议室，中间用玻璃隔断隔开，让人联想到一面无边镜。在这些会议室里，员工们都在忙着自己的事情，丝毫不顾及从玻璃会议室前匆匆走过的瞠目结舌的人群。营销人员在玻璃墙内被理想化，因为他们是当代企业文化的象征。展台将这些工作人员塑造成理想的员工，他们能够在世界最大科技展览中心的主要展台上，在令人分心的环境中开展工作。

图 3-8　2014CES 高普乐展台上 B2B 营销人员在"玻璃之笼"中工作

高普乐的场景让人想起伊安尼斯·加布里埃尔（Yiannis Gabriel）的阶级牢笼理论。加布里埃尔通过《景观社会》（*Society of the Spectacle*）这本书对马克斯·韦伯（Max Weber）提出的官僚机构"铁笼"进行了重新诠释，并得出结论：无处不在的消费主义逻辑和对图像的过度崇拜改变了官僚机构的结构和实践。玻璃既是一种隐喻，也是一种媒介；既可以作为框架，也可以作为困住员工的笼子。玻璃幕墙的会议室到底是牢笼还是美化的框架？加布里埃尔的理论是：

> 这样一个笼子的形象表明，它可能根本不是一个笼子，而是一个包装盒，一个玻璃宫殿，一个旨在突出容纳物的独特性而非限制或压迫它的容器。因此，玻璃是一种非常适合景观社会的媒介，就像钢铁非常适合机械社会一样。

玻璃之笼意味着当代员工不仅被商品化（在劳动时间上），而且他们还必须反映出企业的价值观，并始终活在品牌中。员工受制于企业品牌的要求，在展会上被展示，而企业品牌则掌控了员工的身体，为与会者和媒体塑造出富有成效的企业文化形象。

一群商务人士在玻璃会议室开会的画面非常常见，在网上搜索"会议室"和"玻璃"这两个关键词，就能找到许多与高普乐展台上的玻璃幕墙会议室差不多的照片。这种图像无处不在，它在 CES 上的具体再现显示了全球资本主义的场景是多么常见。这种图像对于未来的象征意义重大，因为它表明，新兴技术的涌入将保留熟悉的企业文化模式——尽管该行业声称要进行颠覆。然而，许多在展区工作的人实际上并不是公司的员工，而是模特，或者是受聘吸引人们关注展台或分发营销资料的演员。

展会的性别营销文化变迁

CES 的另一个重要的文化问题是聘请模特来展示产品、吸引人们关注展台并分发营销资料。这些女模特从一开始就成为 CES 的一部分，最初被称为"CES 向导"（CES Guides），后来被称为"展台美女"。她们出现在展会上是一种基本的营销策略。通过让有魅力的女性派发营销资料，公司可以向男性与会者传播更多的信息。让魅力女性来"装饰"最新的新兴技术，这种营销做法在文化想象中再现了"科技是属于男人的事业"这一男权假设，并阻碍了女性在科技行业的发展。

在很大程度上，由于女权主义记者和社交媒体意见领袖的压力，CES 的文化已经不再将"展台美女"作为一种营销策略。根据丽贝卡·格林菲尔德（Rebecca Greenfield）的说法，"展台美女"一词在 20 世纪 80 年代中期成为一种展会行话，该词的首次使用是出现于 1986 年的印刷品上。她写到，在 20 世纪 70 年代和 80 年代，曾经衣着得体的女模特变得越来越衣着暴露，这是当时展会的趋势，而不仅发生在 CES 上。到 20 世纪 90 年代末，一些消费技术行业的评论家开始公开批评使用衣着暴露的女模特。

我参加 2014 年 CES 时，几乎到处都是女模特。我在拉斯维加斯会展中心下了车，有 4 位年轻女性穿着黑色短裙，举着奥迪的牌子站在那里。她们没有移动，也没有与人交谈，只是站在

第 三 章
来自 CES 的未来愿景

那里当人形路标。在生产无线扬声器的企业创新公司（Creative）的展台上，有穿着紧身上衣和白色短裙的女性，裙子上印有公司标志。在智能手机配件制造商电音公司（Anymode）的展台上，有穿着更专业的公司统一服装的模特。3 位身着礼服的模特与一辆雷克萨斯汽车合影。在数码影院系统公司的展台上，有一对穿着短裤和暴露上衣的女性在主持人播放音乐时跳着舞，一位身着红色无袖长裙的女性向与会者介绍着乐金（LG）的曲面屏电视。而这仅是我第一天参观的前几个展台的情况。

后来，我看到了更多衣着怪异的模特。一家名为路可（Roocase）的公司销售智能手机保护套，他们的模特穿着"性感袋鼠"（sexy Kangaroo）的服装。哈姆林（Hammermill）纸业公司的女模特穿着用碎纸做成的暴露裙子，上面印着"消除昨日的一切痕迹"（destroy every trace of last night）。[①] 她站在展台外，向路过的人招手，以便扫描他们的徽章。在 CES 上，每个徽章上都有一个射频识别（RFID）芯片，参展商可以通过扫描徽章来追踪有多少观众来到过他们的展位。更受欢迎的公司会有助于在下一年获得更好的展台位置。极限公司（Xtreme）通过让一名衣着暴露的女性扫描从未进入过他们展台的路人的 RFID 芯片，人为

---

① 可能是对拉斯维加斯的旅游口号"发生在拉斯维加斯的事儿，就让它留在拉斯维加斯吧"（What happens in Vegas, stays in Vegas）的回应。

地夸大了其展台的参观人数。[1]

在记者、评论员、公众和科技行业对女性 20 年来的施压下，直到 21 世纪 10 年代后半叶，才开始形成了改变女模特文化的声势。在 2013 年的人体彩绘风波之后，人们的策略似乎转向了用男模特来平衡对女模特的"剥削"。然而，以性别平等的名义增加男模特，却丝毫没有减少女性创业者的困扰，她们经常被混淆为"展台美女"。2016 年，CES 的报道强调，模特们更多地穿着健身服出现。但也有人指出，从迷你裙到紧身健身服，并没有改变模特在展会上遭遇的口头骚扰。即使人们越来越抵制衣着暴露的模特，《马克西姆》（*Maxim*）等媒体和数十名科技博主仍在继续发布年度 CES "最性感展台美女"名单。一些行业媒体，如《个人电脑》（*PCMag*）杂志，开始嘲笑展台美女榜单的做法。在 2013 年发布了一份模特名单后，他们转向了发布一些更具讽刺意味的名单，其中包括机器人名单、人体模型名单以及他们自己在展会上工作的记者名单。到 2017 年，标签为"我也是"（#MeToo）运动引发了一场更广泛的文化对话，话题涉及广泛存在的对女性的性骚扰、有权势男性的公开秘密以及女性在职业生活中遭遇的不同形式的性别歧视。此外，还有一些针对 CES 的更具体的尝试，比如由"科技女性"（Girls in Tech）等组织推广的话题标签"CES 太男性化了（#CESSoMale）"成为动员人们关注

---

[1]　我特意不提供模特的照片，以避免不必要地强化这些我们批评的非常有问题的做法。

相关话题的中心，讨论了诸如 2018 年 CES 上缺少女性主题发言人、持续使用着装不当的模特以及多宣传女性对科技史的贡献等内容。

虽然美国消费技术协会继续坚持他们的立场，即他们不会禁止衣着暴露的模特，也不会强制执行着装规范，但在 CES 上，公司使用模特这种营销策略似乎发生了文化转变。我在 2014 年和 2018 年之间观察到的模特着装的差异表明，CES 正在发生文化转变。到了 2018 年，我看到很少有模特穿着公司制服和品牌休闲装以外的服装。虽然肯定有例外情况，但我几乎走遍了 290 万平方英尺的会场，发现比起 2014 年我看到的情况，模特着装种类数已经大幅减少。过去在整个展会上，一些穿着暴露的女性随意站在展台上，而现在我看到的更多是身着有公司品牌职业装的女性。事实上在大多数情况下，当有人在展台上工作时，并不能看出他们是员工还是分包商，除非我开始询问有关产品或公司的更多细节问题。分包商通常根据一套准备好的话术或有限的信息工作，如果他们无法回答我的问题，就会把我转给员工。

就在 2020 年 CES 前夕，美国消费技术协会屈服了，不得不采取了新的着装规定。他们悄无声息地做出了改变，并没有大张旗鼓。其目的是营造一个更专业的环境，以创造"一种包容和欢迎所有人的展会体验"。2020 年 CES 参展商手册中的新政策规定：

为创建一个对所有人都友好的环境，展会管理方希望展台人员、演讲者、表演者的着装适合和尊重专业环境。我们建议穿着商务装或商务休闲装。无论性别如何，展台工作人员不得穿着暴露或可能被视为内衣的服装。不得穿着裸露过多皮肤（尤其是裸露过多胸部、臀部及隐私部位）的服装。不得穿着过于贴身的衣物。这些准则适用于所有展台工作人员，不分性别。

职业着装规范的编纂可能有助于减少明显歧视女性的做法，但这只是一小步。莫莉·伍德（Molly Wood）指出，在 2020 年的 CES 上，许多参展商只是将模特的比基尼换成了舞会礼服。她指出美国消费技术协会在处理性别问题上存在更大问题。伍德对邀请特朗普的女儿伊万卡·特朗普做主题演讲持批评态度，因为伊万卡几乎没有涉足过科技行业。伍德曾长期在科技资讯网、《纽约时报》和美国公共媒体（American Public Media）担任科技记者，对她来说，她所观察到的有关女性在展会上逐渐被正面表现这一变化遵循了法规的条文，但并没有真正体现其中的精神。也就是说，自 20 世纪 90 年代和 21 世纪初"展台美女"鼎盛时期以来，CES 上发生的文化变革是有意义的，但并不充分。展馆内不再到处都是比基尼女郎，而是呈现出专业化的趋势。

一些展会模特撰文讲述了自己的展会经历，表达了一种复杂的后女权主义立场，即她们的外貌是一种有限的资源，可以利用这种资源获利、促进事业发展，并为她们带来本不可能拥有的优势，尽管她们需要付出高昂的代价来应对明显厌恶女性的行为。前展会模特和品牌代表艾丽西亚·弗雷姆林（Alicia Fremling）写道：

决定我在特定展会上的体验的，不一定是展会与会者的礼貌或粗俗，而是公司对品牌代表的期望。如果用人公司只是期望吸引眼球，那么"展台美女"除了漂亮和会闲聊之外，就没有什么可以吸引潜在客户的地方了。我们被物化的程度与其他展台道具和展示品相同。但是，如果公司希望这些女性成为额外的营销代表，并对她们提供足够的有关产品和公司信息的培训和教育，那么这种体验就会变得更有力量。这能让我们在劝说和吸引潜在客户方面发挥更多的作用。

其他在 CES 等展会上工作的模特也表示，如果当品牌大使的工作内容仅是做一个比基尼模特时，她们会感到沮丧、担忧和失望。正如弗雷姆林所指出的那样，如果受聘成为品牌代表，哪怕只是接受最低限度的培训，也能让她们积累经验，从而从事与模特工作无关的其他类型的营销和销售工作。

纵观全局，我们会发现营销人员与使性别问题成为核心文化问题的大背景之间存在着复杂的相互作用。由于"# 我也是"运动，关于怎样算同意的公众讨论更加热烈。像《隐藏人物》（*Hidden Figures*）这样的大众媒体，揭示了女性和有色人种在技术领域工作的鲜为人知的历史，并开始改变文化想象中以男性为主角的技术史的主流叙事。参加 CES 的营销人员可以为这一讨论做出贡献，因为他们所代表的未来会随着时间的推移再造技术文化——他们积极地参与未来世界的创造。科技营销人员不必再现"老派"性别做法，将女性仅定位为新兴技术的装饰品。相反，营销人员可以发挥更积极的作用，为女性提供机会，塑造女性的专业形象。

　　未来充满新技术的愿景以及对女性的贬低性描绘，会再次强化那些阻碍女性在科技行业取得成功的文化规范。这并非易事，也不可能一蹴而就，但通过集体施压，让人们看到一些营销做法是有问题的，就有助于改变营销的文化。在 CES 上消除性别歧视的习俗，是 CES 所倡导的未来愿景促进性别平等的重要方式。营销人员不应强化男性身份和对技术变革的主导权，而应提供一种不同的集体协作的愿景。具体来说这意味着，在 CES 上，作为一名年轻的女企业家，不再需要说服别人你不是一个"展台美女"。

　　改变 CES 营销工作文化的努力刚刚开始，正在逐渐创造一个更支持女性在科技行业工作的环境。把模特从"展台美女"转变为专业品牌代表这样的做法说明，营销人员不仅可以在推广战略和策略上对受众施加文化影响力，还可以在自己的工作环境中创造和重建文化。无论这些成果多么微不足道，它们仍然是科技行业女性在文化经济平等方面迈出的一步。这些成果也开始改变行业媒体和主流新闻机构报道的女性形象和故事。这也是重要的一步，改变了营销人员对技术文化未来的表述方式，从而为在该行业工作的女性赋能。科技行业的营销人员将继续在塑造技术想象中的表述方式、物质和情感力量方面发挥作用。为了改变人们对技术变革的感受，改变他们对技术变革以及技术变革在文化生活中的地位的理解，营销人员有必要按照这些思路进行更多的实质干预和宣传干预。

第四章

升级文化中的
营销人员

商业升维
技术变革与文化升级的影响

　　本章将转向营销工作文化中更为私密的内容，我参考了许多营销工作者的故事，这些故事来自 2014 年至 2019 年，我在行业活动中进行的数十次非正式访谈，以及对 18 位营销专业人士进行的正式深度访谈。许多非正式访谈的对象是 CES 的销售和营销经理，他们的职责包括很多内容，具体取决于其组织的规模大小。深度访谈对象包括在代理公司和企业工作的人员，如企业创始人、高管、艺术总监和文案人员以及独立顾问，其中一些人是我在北卡罗来纳州的主要科技中心科研三角园（Research Triangle Park，RTP）工作期间认识的人。其他访谈对象则是由同事和行业的人脉推荐给我的。在整个访谈过程中，营销专业人士讲述了他们在市场营销方面的经验、想法和个人理念。有些人向我讲述了他们从事过的工作类型和希望实现的职业目标。还有一些人畅想了市场营销的未来，并对其基本原理进行了诗意的描述。有几位营销人员重申，归根结底，即使一切都在因技术而改变，仍会有一些处于营销核心的本质东西在发挥作用。

　　我深度访谈的对象大部分都是在北卡罗来纳州科研三角园附近生活和工作的人。科研三角园建于 1959 年，旨在帮助北卡罗来纳州的经济从衰退的纺织和制造业转向科学研究和技术领域。

第 四 章
升级文化中的营销人员

科研三角园被宣传为"美国最大的研究园区和首屈一指的全球创新中心。该园区占地7000英亩[①]，拥有数百家公司，包括科技公司、政府机构、学术机构、初创企业和非营利组织。"科研三角园由3个城市组成：罗利是北卡罗来纳州立大学的所在地；杜伦是杜克大学的所在地；教堂山则是该州的旗舰学府北卡罗来纳大学教堂山分校的所在地。[②]有些人和我一样，被这个以研究和科技为重点、经济充满活力、不断发展的城市中心所吸引。这些营销人员曾与位于科研三角园的许多生物技术公司、生命科学公司和软件公司合作过。他们在科技产业和技术变革方面的经验和观点具有特别的价值，因为在他们生活和工作的地区，政治、经济和文化都以研究和科技为导向。

我在这里讨论的个人可以大致分为策划家和创意者。策划家是管理者、行政人员和研究人员。他们指导创意团队，进行市场调研，确立市场地位，分析竞争，组织资源优先满足客户或公司的需求。他们制定日程表、时间进度表、具体的进入市场计划和全局行动战略；处理广告采购和投放；确定基于不同人口统计特征的目标受众。简而言之，策划家与客户一起制订计划，管理创

[①] 1英亩约为0.004平方千米。——编者注
[②] 该地区的人在教育和技术方面明显压力较大。虽然我2005年搬到这里时并没有打算继续攻读研究生，但我在这里遇到的每个人似乎都至少有硕士以上学位。于是并非巧合，我在北卡罗来纳州立大学也获得了硕士学位，并在北卡罗来纳大学教堂山分校获得了博士学位。

意团队制作的所有媒体分发计划，包括分发的地点、时间和对象。

创意者是文化生产者，他们的工作一般分为文案类和艺术类。文案是一切需要写作的东西：广告文案、广告脚本、小册子标题等。艺术是指艺术家、设计师、插图画家、摄影师、动画师和摄像师制作的一切基于图像的作品。"艺术与文案"共同组成了营销信息传播所需的印刷、数字和多媒体材料。他们塑造了企业品牌的"外观和感觉"及其战略传播。创意人员一丝不苟地制作信息、图像和互动活动，试图通过正确的渠道，以正确的方式传达正确的信息。

上一章主要介绍了 CES 的营销工作文化如何通过日常操作来创造未来愿景，从而维持了升级文化。在这里，我将描述营销人员在日常工作中对升级文化的回应和做法。升级文化不仅从科技行业向外辐射，它还影响到该行业营销工作是如何完成的。具体来说，我将讲述那些被不断引进和快速淘汰的新数字设备以及快速、永久、必然的技术变革的假设，是如何迫使营销人员习惯性地重新学习、重新设计活动的优先级、将数据和测量指标置于创意流程之上，以及在为新兴技术寻求解决方案的过程中，营销人员对营销价值的焦虑被重新唤起。

首先，摩尔定律下数字设备的激增产生了大量新的生产技术、营销渠道和数据收集机制，迫使营销人员习惯性地重新学习。20 世纪 90 年代，营销行业开始强调"营销科技"。作为一个术语，营销科技包含了一系列以数字工具为中心的实践。《今日营销科技》（*Martech Today*）解释道：

营销科技是营销与技术的融合。几乎所有涉及数字营销的人都在与市场营销技术打交道，因为数字营销的本质就是以技术为基础的。"营销科技"一词尤其适用于利用技术实现营销目标和目的的重大活动、工作和工具。

数字设备、软件平台和通信渠道的快速推出和淘汰，意味着营销人员无论愿意与否，都不得不花费大量的时间和精力去跟上最新的平台和行业标准实践。然而，营销科技并不像电视那样仅采用最新的通信技术，而是从根本上重组了对数字设备所产生的数据的优先安排。

其次，由于消费者数据和在线营销活动评估工具既便宜又很容易找到，研究和评估成为设计营销活动的出发点。但是在 20 世纪 90 年代和 21 世纪初，对消费者行为和营销活动效果进行评估的市场调研开支昂贵，许多营销预算较少的公司都无力承担。互联网作为广告发布平台的成功商品化，不仅意味着营销人员有了发布促销信息的新渠道，还能获得受众反应的数据，这也是一种新的成本低廉的评估技术。受访者称，早在 21 世纪开始的几年，衡量和追踪营销活动结果仍是整个活动设计过程中的次要问题。在进入 21 世纪 20 年代前，业界不仅开始了对营销活动效果的评估，甚至还要确定很具体的参数，如文案标题字数是多少，还要实时监控哪些投放有效，哪些投放无效，并进行动态调整。对数据驱动型营销的关注使整个行业对技术未来主义的愿景趋之若鹜，这种愿景的定义是：将快速、永久、必然出现的新设备用于对消费者行为日益细化的评估。

最后，升级文化将营销人员证明营销工作价值和效果的焦虑导向了新技术，他们相信未来的新技术将最终证明营销工作的价值和效果。尽管市场营销在 20 世纪已发展为一个颇具影响力的专业，但市场营销文化中一直充斥着证明自身对企业收入贡献的焦虑。对市场营销效果的怀疑与市场营销本身的历史一样悠久，19 世纪末的零售和广告先驱约翰·沃纳梅克（John Wanamaker）曾对此进行过精辟的阐述："我知道广告中有一半的钱都浪费了。问题是我不知道是哪一半。"沃纳梅克的感慨强调了，即使在营销行业的萌芽时期，人们对于营销人员是否真如他们所声称的那样可以成功影响消费者的行为已经持怀疑态度。营销人员描述了一个又一个日常画面：他们对企业收入的贡献在内部受到销售部门和高管的质疑，他们的专业知识在外部受到聘请他们的客户的质疑。

面对这种怀疑态度，市场营销部门转向利用通信技术来提供数据和信息管理解决方案。数十年前，仅通过把客户联系信息组织一下，目录营销就被认为有望彻底改变 B2B 的销售和营销工作。后来又出现了计算机数据库和可定制的直邮。20 世纪 90 年代，营销行业又开始采用数字平台、软件包和数据分析技术。在我于 2014 年进行的访谈中，最有前景的技术又变成了大数据。而 5 年后，这些营销人员又开始谈论机器学习或营销 AI（人工智能）。到 2024 年，毫无疑问将变成另一种技术。如今，升级文化将新兴技术视为证明营销工作价值的手段。

升级文化对新兴技术的定位之所以如此彻底地渗透到市场营销文化中，是因为它将未来技术视为一种看似自然的进步，有望能验证营销工作的效果。长期以来，人们对市场营销工作的价值持怀疑态度，再加上之前通过通信技术管理市场信息的成功尝试，使营销工作中的技术变革假设自然而然。基于技术会快速、永久、必然地出现这一思想，人们根据不同新技术能多大程度上证明营销工作的价值和效果，对每项新技术进行了定位。这并不是说不断涌现的数字通信平台及其产生的大量监控数据没有实质意义，也不是说它们证明营销工作价值的承诺完全是空洞的。恰恰相反，升级文化将营销人员对工作价值和效果的焦虑引向了技术变革，暗示着他们的问题将在下一代技术或升级中得到解决。

即使营销人员宣称，行业的未来在于新兴技术能够实现越来越细化的效果衡量，他们也承认，消费者个体对作为技术未来主义愿景中核心的数据隐私问题感到沮丧和不安。营销人员的反应也显示，对于营销在技术变革过程中的地位，不同人感知到的个人能动性也各不相同。营销人员是文化的中介，他们对技术变革的步伐、监控数据的采用以及快速淘汰带来的生态后果持有复杂而矛盾的立场。有些人接受不断变化的营销科技。他们陶醉于使用新工具、新方法去解决挑战性的问题。有些人则对变化的必然性逆来顺受。他们对那些似乎远远超出他们控制范围的力量表示冷漠和适应。有些人则对变革的速度、变革带来的持续再培训以及由此导致的消费文化中的过度消费表示惋惜。在他们看来，市场营销是能改变企业实践的。无论个人的反应和回应如何，升级文化已不可逆转地将整个行业重新定位为持续的再培训、数据驱动的营销活动，并试图通过新兴技术来解决营销人员对营销价值的焦虑。

对创意制作技能的再培训

我是从 2004 年开始接触营销工作中的升级文化的，当时我在一家印刷公司担任制作排版师。我主要负责制作优惠券和传单，以宣传杂货店每周的特价商品。公司一直很犹豫是否该录用一个没有什么经验的大学毕业生。当我最终被录用时，他们告诉我，他们希望找一个没有经验但态度端正的人，而不是一个有经验但态度不端正的人。当公司决定将数字页面排版软件从夸克（Quark）改为奥多比排版设计软件（Adobe InDesign）时，我才知道所谓"正确的态度"就是适应不断变化的数字工作的能力。转型几个月后，我的主管问我能否在每周的工作量中增加一些新客户。我急于证明自己，所以就同意承担了额外的工作。几周后，我和其他设计师才知道，简——一位更有经验的制作排版设计师，离职了。我的上司后来告诉我，简仍然在使用夸克软件，他让我接手新客户就是把简的工作转给我。我明白当我获得 50 美分的加薪时，我无意中让她失去了这份工作。我之所以能够适应数字工作环境的变化，是因为我很快就熟练掌握了新软件。我感到很矛盾。一方面，我为自己的出色表现感到骄傲，并向聘用者证明了自己的价值。另一方面，我对加薪感到很空虚，因为我知道这是以简的失业为代价的。

与简一样，印刷公司的许多资深设计师也是在计算机成为主要生产技术之前开始其职业生涯的。他们不习惯数字化再培训，而更愿意继续使用原来的软件，因为这些软件本身就是他们过去努力学习才学会的。在计算机问世之前，设计师们需要手工剪切、粘贴图片和文字，并为版面设计拍摄专门的照片。夸克和奥多比设计等软件的出现，使这种速度缓慢但技术娴熟的手工制作过程变得过时，因为排版制作全部以数字方式完成。在从手工版面设计向数字版面设计过渡的过程中，技术变革的进程发生了明显的变化。像我这样的数字平面设计师接受过培训，能够适应不断变化的软件和硬件，但接受过手工制作培训的平面设计师却很少愿意重新学习。简的离职一直让我耿耿于怀，但正是在本项目研究的过程中，我才明白了她的离开既是快速变化的生产技术的结果，也是我的入职和公司节省成本的财务策略造成的。

自 20 世纪 90 年代以来，个人电脑、笔记本电脑和智能手机等消费技术已经取代了营销行业的专业制作技术。使用艾维德（Avid）视频编辑器等专业设备的技能或使用红膜（Rubylith）进行手工制版的技能，曾经是营销创意人员和媒体制作人的工作保障，而新的制作工具和内容分发平台的迅速普及则要求创意内容制作人紧跟变化的步伐，而不是掌握任何一套特定的技术方法。消费技术过时的速度如此之快，意味着营销人员需要通过在职培训——通常是自学，不断重新掌握新技能。同样，计算机的使用最初仅限于企业和大学中的高技能专业人员，直到20世纪80年代，不熟悉计算机编码的普通用户才能通过图形用户界面接触到个人电脑。然而，现在无处不在的计算机技术又以笔记本电脑、智能手机、数码相机和其他小工具等消费电子设备的形式回到了工作场所。这些技术导致了旧技能的快速淘汰和必要的技能再培训，才能跟上最新的行业标准方法。回顾哈里·布雷弗曼（Harry Braverman）的经典著作《劳动与垄断资本主义》（*Labor and Monopoly Capitalism*），产业工人的奋斗目标是适应日益自动化的生产技术所衍生的去技能化问题。

对于今天的营销人员来说，技术变革与其说是管理者为了确保对劳动条件的控制权而使员工去技能化，不如说是为了稳固科技行业所建立的特殊形式的企业权力。企业管理者对工人进行去技能化处理，使他们变得容易被替代，而消费技术行业则通过将快速、永久、必然的技术变革假设深入人心，让根植于新产品快速推出和淘汰循环的商业模式大行其道，进一步确保了管理者的权力。当消费技术被用作生产技术，在工作场所被快速使用并快速过时的时候，依赖这些技术的员工就必须适应不断变化的硬件

第 四 章

升级文化中的营销人员

和软件平台，以完成许多基本的工作职能。^① 这种现象当然不仅限于营销人员，几乎所有与科技行业相关的职业尤其是计算机编程，都会感受到这种压力。对于营销人员来说，这意味着要了解如何在不断变化的媒体平台上做广告，学习新的创意制作软件以及设计新的市场调研方法。

贝弗莉·默里（Beverly Murray）就是这样一位营销人员，她是 R+M 公司的首席执行官兼创始人。公司位于北卡罗来纳州凯里市，是一家专门从事"创造促进健康、幸福和社会责任的品牌体验"的品牌营销机构。默里从事市场营销工作 30 年左右。1982 年，她作为北卡罗来纳科学与数学学校的首届毕业生毕业。该学校是一所寄宿制精英高中，学生专门学习科学、数学和技术。她曾准备从事医学职业，但在诊所和医院的一些经历让她意识到，她真正关心的是帮助他人进行沟通。她获得了北卡罗来纳州立设计学院的环境设计学士学位，并于 1992 年成立了平面设计公司 R+M 公司。从那时起，R+M 公司开始发展壮大，专门从

---

① 工作场所中的消费电子产品并不鲜见，但新兴技术文化通过消费技术影响营销工作的具体方式却是独特的。克劳德·菲舍尔（Claude Fischer）的《美国呼叫》（*America Calling*）和丹·席勒（Dan Schiller）的《如何思考信息》（*How to Think about Information*）讲述了电话最初作为商业通信技术的使用用途。只有当带宽增加且针对家庭"闲聊"的偏见减弱时，电话公司才意识到终端消费市场的潜力，从而将其发展成为消费技术。席勒指出，电话的商业用户在如今无处不在的消费技术的历史叙事中是一个被遗忘的阶段。

143

事为客户提供品牌体验的策划和创意工作。默里谈吐精准，就像一位经验丰富的、极富说服力的演说家。她侃侃而谈，自信满满，同时习惯性地将创意融入她的个人和职业身份中。2014年和2019年，我都在默里的办公室对她进行了采访。她的办公室里堆满了玩具、小饰品、游戏和纪念品——每一件都在讲述一个故事，或者能激发她以不同的方式思考和感受。她的玩具和俏皮的活力产生了一种令人放松的效果，差点掩盖了她专注、敏锐和犀利的思维特征。

默里刚开始从事平面和产品设计工作时，计算机技术还不是必需的生产技术。她为专业印刷厂准备文件的大部分工作都是非常乏味的手工操作。页面布局是精心制作的多媒体艺术作品。她兴奋地回忆起自己职业生涯中的技术变革经历：

琥珀膜和红膜！那是在科技和苹果电脑出现之前的东西。过去你是如何制版的？就是用刀和带有红膜的板子。用计算机是无法完成的，全靠手工完成，也没有打印输出。那时还需要切割排字架以及需要蜡机等设备。所以我真的很幸运，因为当我在20世纪80年代中期开始职业生涯时，我的工作系统正是大型排版机——默根塔勒（Mergenthaler）机械排字机和照排机。我很幸运，在我开始工作的时候，我目睹了数字印刷技术的诞生和巨大转变。这就是我的职业生涯，我很幸运，我见证了它从旧方式到新方式的转变——这是唯一的出路。

默里强调，她非常幸运地见证了数字工具在营销领域的诞生，这说明数字工具在提高效率和创造性设计方面具有真正的好处，而仅靠手工操作是不可能或不可行的。有了今天的奥多比创意套件（Adobe Creative Suite），现在的设计师可以在几分钟内以数字方式完成过去需要数小时手工完成的工作。虽然效率提高了，但也付出了代价。不断的升级对她来说是一种干扰和挫折，"对我来说，两三年，而不是五年，就得更换一次。这让我很有压力，因为我只想完成我的工作"。

她说印刷技术从"旧方式到新方式是唯一的出路"，这说明了升级文化的必然性。在奥多比软件成为今天的行业标准之前，它是一款盗版泛滥的设计软件。在 2000 年后的 10 年内，与我同龄的设计师在使用平面设计软件时都知道，图像处理（Photoshop）、插画师（Illustrator）和排版设计（InDesign）等奥多比创意制作软件很容易共享，因为该公司并不强制验证授权号码。只要不在网上注册产品，就可以用一个许可证代码激活多个版本的软件。结果，程序在设计界被广泛共享。2005年，奥多比收购了其主要竞争对手宏媒体（Macromedia）公司，从而确立了自己作为行业标准软件平台的地位。真正的转折点出现在 2013 年，奥多比在首席营销官（CMO）安妮·卢恩斯（Anne Lewnes）的领导下，从半年一次的购买模式转变为按月订购模式。卢恩斯曾是英特尔公司的营销人员，"在导师丹尼斯·卡特（Dennis Carter）和首席执行官安迪·格罗夫的指导下，她学到了营销的各种技能。"① 在卢恩斯的指挥下，订购服务使奥多比能够强制规定客户使用最新版本软件的时间、地点和方式。在以前的一次性许可模式下，奥多比每 18 个月发布一次更新，消费者可以在任何时间使用一次性购买的产品。而现在，由于客户按月支付订购费，他们不得不按照奥多比的条款永久更新。简而言之，奥多比巧妙地将其产品的行业标准的地位与订购服务相结合，确保了其软件平台的快速、永久、必然的升级。

奥多比的平台对营销创意人员来说固然强大，但苹果公司的苹果视频剪辑（iMovie）和库乐队（Garage band）等消费级软件，或照片墙等智能手机相机程序或应用程序标配的照片滤镜，也在涌动着一股去专业化的暗流。执行创意总监肖恩·吉伦（Shawn Gillen）描述了消费者平台取代专业制作技术的影响。当我们在 2014 年交谈时，肖恩已经在市场营销领域工作了 24 年。当时，他在北卡罗来纳州罗利市的一家数字内容营销公司中心线工作。肖恩 12 岁时，一位辅导员告诉他，如果他喜欢画画，可以去做广告，成为一名商业艺术家。于是，他在大学里学习了视觉设计、平面设计和广告学。他曾在各种规模的广告公司从事广告创意、品牌塑造和市场营销方面的工作。我是在位于格伦伍德大道（Glenwood Avenue）附近的中心线公司办公室见到肖恩的。格伦

---

① 如第一章所述，卡特和格罗夫是"本机内部装有英特尔处理器"活动的策划者，该活动创造了英特尔对微处理器芯片供应的垄断地位，将摩尔定律转变为消费技术行业的组织原则。

第 四 章
升级文化中的营销人员

伍德大道是罗利市中心的一条时髦的街道，有许多酒吧和餐馆，是年轻白领周末常去的地方。这里的工作环境体现了创意工作者的特点——办公室里有酒吧、免费小吃、非正式着装和开放式工作区。肖恩和我坐在一间会议室里，俯瞰着公共区域，这个制高点给人留下了深刻的印象。玻璃门上布满了干擦式马克笔的字迹，看起来像是工作流程和组织结构图的组合。它展现了一个繁忙、活跃、有条不紊的公司形象。

20世纪90年代初，他的职业生涯从麦金尼和西弗公司（McKinney and Silver）起步，那时公司还没有计算机。在其职业生涯中，计算机不仅成了新常态，而且他还目睹了市场营销工作中面对的源源不断的技术变革。肖恩解释说："就拿剪辑、视频编辑来说，15年前，你必须拥有一台价值10万美元的艾维德（AVID）视频剪辑器，而且必须经过培训才能使用这台机器。现在你可以用苹果视频剪辑软件来做，而且质量一样。"许多相同的数字内容制作技术如今已成为智能手机、平板电脑和笔记本电脑的标准配置。关键制作技术的去专业化后，哪些创意技能对客户和聘用者最有价值，这一问题变得更加复杂。肖恩解释说："在这一点上，每个人都可以成为设计师。你的手机上有多少种应用程序能把摄影作品处理得更漂亮，比如添加滤镜之类的东西？"默里和肖恩所描述的生产技术类型，如光刻机和AVID视频剪辑器，是需要专业技术才能正确操作的专业生产硬件系统。它们不是像苹果视频剪辑这样的软件技术，这些技术是作为消费类技术设计的，但也可以用于专业制作。如果任何人都能在家用计算机进行设计，那么专业人士又能带来什么价值呢？创意人员必须培养不同的技能，才能对客户产生价值，因为客户可能不太需要聘请专业人员来制作高质量的视频、照片或设计。

不仅是创意内容的制作，由于文化的升级，信息传播的媒体渠道也发生了类似的变化。R+M 公司总裁格雷格·诺顿（Greg Norton）从管理和战略角度提供了相关信息。诺顿从事市场营销工作已有 30 年。在这期间，他经历了最好和最坏的经济起伏，并一直从基层做起，努力创业。在互联网泡沫时期，诺顿赚了一笔，也赔了一笔。就在"9·11"事件发生的前几天，他卖掉了公司的全部资产。他拥有北卡罗来纳大学威尔明顿分校服务营销专业工商管理硕士学位。他经常谈起自己的责任：照顾员工、维持企业运转，并努力让世界变得更美好。2014 年，他选择在科研三角园边上的一家高档墨西哥餐厅麦兹（Mez）和我会面。餐厅里挤满了从附近办公园区下班的白领，这里是全球科技公司的总部所在地。诺顿坐在餐厅后面，旁边的两张桌子坐满了人。我问诺顿最近怎么样，他说："我累坏了，伙计。我可以告诉你一切都很好，但那是谎言。我只是累了。"他疲惫不堪，因为他要在一个变化如此之快的动荡行业中管理一家小企业，而这个行业还正在从"大衰退"中复苏。该行业的典型特点是，没有永远的客户，因此总是要争分夺秒地寻找和争取新客户。在行业技术条件不断变化的背景下，这杯鸡尾酒让这个小企业经理疲惫不堪。他笑着说，我不知道为什么会有人愿意经营一家小营销公司，"它在不断变化，每个人都在质疑你的价值！对不对？哈哈！"

诺顿感到疲惫，也觉得自己被营销领域的技术变革抛弃了。他既要调整自己的技能和公司的服务项目，又要跟上不断变化的营销科技趋势，这严重制约了他经营小公司的能力。他说："我们最大的困难就是技术创新的不断变化。我们很难跟上。"营销实践中的技术文化变革打乱了他和员工的工作流程。诺顿感叹，不断的再培训削弱了他成为"行家里手"的能力，因为他总是在学习新的技能，所以从来没有机会完善自己的营销技能。他继续说道：

每隔 5 年，我们的行业就会彻底革新。这迫使我们不得不重新学习一切：弄清楚我现在该如何成长，努力帮助客户了解如何利用所有可能的媒介以最佳方式实现他们的目标、他们所追求的受众类型、他们所服务的市场、他们的竞争对手、他们面对的预算限制以及员工方面的资源——他们必须管理这些财务资源……

采访到这里，诺顿停顿了一下，承认"把这些东西一一列举出来会让他感到压力"。对他来说，变化的快速、永久、必然，而不是技术本身，让诺顿失掉了自己的手艺。在他看来，市场营销是通过多种传播渠道传播商品和服务信息，将人们与公司联系起来的一门手艺。他渴望成为一名专家，通过正确的媒体渠道将客户的产品与正确的受众联系起来。数字通信技术带来的传播形式日新月异，迫使他将精力投入学习新渠道上，而不是成为驾驭现有渠道的专家。5 年后当我们再次交谈时，诺顿的态度更加坚定，他对行业变化的速度和持续性有了更多的看法。他说："我仍然对行业的发展速度感到焦虑，但现在对技术发展速度的焦虑有所减少，其中一个原因可能是我已经见证了技术的反反复复。"他对升级文化的适应说明了升级文化的力量和普遍性。虽然他可能在 10 年前就感受到了升级文化强烈的影响，但持续不断的技术变革已经退居幕后，成为一种管理者必须驾驭的可预期的工作前提。

诺顿所说的"手艺"让人联想到布拉夫曼对案牍劳形的产业工人所感受到的脱离感的描述。然而，重要的是要区分那些被去技能化了的产业工人和被要求重新掌握新技能的白领员工。一方面，当管理层引进自动化机器，用孤立的任务取代手工劳动时，去技能化的工人开始脱离他们的劳动。去技能化的工人失去了对自己劳动过程的自主权和控制权。而与之相比，持续的新技能要求通过不断分配新任务使白领员工脱离了对劳动任务的掌控。简而言之，不断更新的新技能要求阻碍了员工掌握生产流程的高水平手艺——无论是像布拉夫曼说的铜匠，还是诺顿这样的品牌经理。那些被去技能化的产业工人越来越受制于管理层，因为他们缺乏使他们不易被取代的专业技能。而白领员工也必须跟上技术变革的步伐，否则就有可能被淘汰。与其说管理层通过在工作场所引入新的生产技术来剥夺工人的权利，从而获得对工人的控制权，不如说营销人员通过技能再培训来适应新兴技术重塑工作文化的步伐，从而赋予整个科技行业以权力。总之，升级文化使营销工作中的技术变革变得不言而喻。

以数据为驱动重塑营销活动设计

营销人员回忆说，在 2000 年代初的某个时候，他们开始感觉到行业的潮流正在转向，到 2010 年左右，数据已成为行业发展的重要方向。转折点可以从营销人员如何区分新旧媒体平台中看出。营销人员通常将印刷品、电视和广播称为传统媒体或旧媒体，而将社交媒体、网站和移动平台视为新媒体。他们根据媒体产生的受众行为数据的形式和数量来区分新、旧媒体。旧媒体之所以"旧"，是因为它不会自动生成数据。新媒体之所以"新"，是因为它能为营销人员提供海量数据。对于营销人员来说，社交网络和在线互动所产生的数据量和广度都是前所未有的——他们以前一直依靠民意调查、焦点小组和调查问卷来评估受众和消费者的反应。对于营销人员来说，新旧媒体的二分法尽管已被媒体史学家全面解构，但仍然是一种有意义的区分方法。

营销人员通过广播（旧媒体）和社交媒体（新媒体）以不同的价格和投放模式发布商业信息。例如在旧媒体中，超级碗期间的电视广告时间最为昂贵。2020 年，在第 48 届超级碗期间，一则 30 秒播放时长的广告要花费 560 万美元，估计有 9820 万观众观看。2019 年最昂贵的在线（新媒体）广告是搜索关键词"商业服务（Business Service）"。用户每点击一次"商业服务"的链接，赞助公司就要向谷歌支付 58.64 美元。点击链接这一行为通过量化受众参与度、观看时间和转化率，确保了对广告效果的准确衡量。假设有 9820 万人点击了赞助商的链接，那么这家公司将花费约 57 亿美元（尽管在数字广告活动开始后会设置预算上限）。不同的是，在电视直播中，9820 万观看了超级碗球赛的观众中，并非所有人都看到了广告，关注的人就更少了，只有极少数人会记得他们曾经看过广告。尼尔森公司（Nielsen Company）等市场调研机构通过统计分析来估算大众市场广告传播的价格。谷歌通过拍卖系统销售关键词广告（AdWords），以确定每次用户点击赞助商链接时公司愿意支付的费用（还有其他衡量标准，如每百万次浏览成本或每千次浏览成本）。每次点击成本和每百万次浏览成本的广告衡量方法会产生大量数据。广告商可通过分析界面立即获得有关受众互动情况的广告数据。商业渠道不同的定价系统和数据收集方法强化了旧媒体和新媒体之间的区别，也使这两个词成了固定的营销工作术语。

受访者称，使用数据的趋势最早开始于 2000 年代中期，但在 2010 年至 2015 年变得至关重要。我在 2014 年和 2019 年采访过两次的一位营销人员现在是一名独立顾问，为全国各地的公司提供 B2B 营销建议。我们在 2019 年见面时，他邀请我去他家采访。他在门口用温暖的笑容和热情的握手迎接我。他穿着 T 恤、短裤和人字拖。我们在他家后庭院的一个舒适的阴凉处落座。这里的环境与他悠闲的举止相得益彰。他有一种超然的活力，表明他并不把自己或自己的工作看得太重，但这与他对营销和技术的由衷兴奋和渊博知识并不矛盾。他曾说过，"我是一个南方男孩"，以此和他在硅谷的一些精力无穷的客户形成鲜明对比。

他已经在市场营销领域工作了 23 年。他回忆说，2006 年申请工作时，他在数字营销方面的专长是他区别于其他求职者的独特技能。公司很高兴能聘用一个拥有数字营销经验的人。他指出，仅几年后，数字营销就成了业内求职者具有竞争力的必备技能。2014 年时他解释说："我的意思是，如果你不懂技术，无论是营销自动化平台、电子商务平台、内容管理系统，还是某种报告分析，如果你不了解这些技术，也不了解所有这些技术的工作原理，那么你就被淘汰了。"他说，如果你跟不上所有这些新技术的工作要求，你就被淘汰了，这说明采用新兴数字技术的速度和规模席卷了整个行业。它将营销工作的重点重新调整为新兴技术和数据。升级文化有可能使那些不愿意或无法适应不断变化的营销工作环境的人被淘汰，或者变得无足轻重了。

从 2000 年代中期到 21 世纪 10 年代中期，数字环境发生了巨大变化，使用来自各种数字设备的数据从营销计划过程中的事后复盘变成了计划的第一步。2019 年夏天，我与总部位于北卡罗来纳州罗利市的开源软件公司红帽公司（Red Hat）的七人营销团队坐在一起。会上有品牌经理、社交媒体专家和营销活动策划家。总的来说他们一致认为，在过去的 5 年到 10 年里，数据驱动的结果已经成为营销活动的主要出发点。例如有人评论说："我认为，也许在 10 年前作为一名营销人员，你能够把故事讲得非常好，就可以被认为是合格的营销人员。"而如今的情况是，如果一个人不精通数字方面的知识，就不再被认为是合格的营销人员。有两个评论突出反映了整个行业更广泛的转变趋势：

我在这里工作了两年半，之前我在一家广告公司工作。我想说的是，过去客户一般在开展营销活动之初并不会对营销效果进行具体讨论。大概就是"我们想提高知名度等"。然后你说"太棒了"。活动完成后，我们的工作就是总结活动是如何实现客户所设定的那个模糊目标的。如今，当我们启动一项营销活动时，我们会说"我们这次活动到底要做什么"，不能说"提高产品组合知名度"这样笼统的话。我们要有具体的内容，比如"我们要达成的具体目标是……"，然后我们再想办法如何实现这些目标。

这是现在你需要最先开始讨论的问题之一。过去你会在活动结束后说，"好了，我们已经得到了所有这些结果。我们现在该如何测量结果？"而现在则变成了"不，让我们先搞清楚这个问题。我们要知道我们要追求什么，要如何去实现它，我们要知道所有这些事情"。我想说的是，至少在我的世界里，过去 5 年的转变可能更大。

他们是为一家价值数十亿美元的领先科技公司工作的营销人员。然而直到最近，他们的工作才转变为在项目立项之时就进行

第 四 章

升级文化中的营销人员

数据驱动的营销策划。他们认为，过去测量一直是他们工作的一部分，而现在测量成为营销计划过程一开始就要有的不可或缺的一部分，而不是活动的事后环节。其中许多测量是以来自数字设备的数据为前提的。

数据和评估不仅是活动设计的出发点，而且还重塑了艺术家和文案撰稿人创作活动材料的方式。我与一位经验丰富的文案工作者详细讨论了这些问题，他曾在韦柯（Wieden+Kennedy）广告公司工作，而韦柯曾服务于包括耐克和凯文克莱（Calvin Klein，CK）等客户。2014 年，他是科研三角园一家大型科技公司的创意策划师，但当时他已经做了 17 年的营销和广告文案。在成为文案撰稿人之前，他曾是制作团队的一员，帮助制作广告、电视和电影。他在大学学习英语，一直热爱写作。他之所以进入广告文案撰写行业，是因为虽然影视制作工作很有趣，但随着年龄的增长，这份工作变得"不再迷人"。他回忆说，他的朋友们一个接一个地投身到广告业，最后他也做了同样的事情。在他的建议下，我们在北卡罗来纳州卡尔伯勒的韦弗街市场（Weaver Street Market）见面。韦弗街或称"食品合作社"是当地美食家和有道德观念或有地方意识的消费者的最爱。这是一个杂货市场，由社区所有，内有冷热饮吧。店内出售咖啡、啤酒和葡萄酒，还有一个大草坪，草坪上摆满了供人们吃喝的桌子。在阳光明媚的日子里，草坪上通常会铺上供都市人野餐用的毯子，这里充满了热闹的交谈声和孩子们的嬉闹声。我们见面的时间是周四上午 10 点，所以这里还算安静。我们坐在了草坪和野餐区的一张桌子旁。

他职业生涯的转折点发生在拍摄 Calvin Klein 的 CK 一号（CK One）广告的时候。当时他正在写短篇小说，他收到了一份邀请，让他为当时的广告尝试使用的电子邮件这种"新"媒体的部分撰稿。平面广告会包含广告模特的电子邮件地址，而他的工作就是撰写自动回复的电子邮件。故事情节是"老式肥皂剧的升级版"。如果顾客给广告模特发邮件，她们就会告诉顾客自己的故事。他解释说："所有 16 个角色都以不同的方式爱上了不该爱的人或分手。这让人心碎……都是单相思。"他的回忆介于困惑和好笑之间，最后他总结道："无论如何，对于一个试图写小说的人来说，报酬真的很丰厚。那是在韦柯公司，我无法拒绝。"

对他来说，文案写作曾经是一门主观的艺术，是寻找企业、产品和人之间的共鸣。他解释说，他的营销哲学是在职业生涯早期阅读营销和设计大师蒂伯·卡尔曼（Tibor Kalman）的一本畅销书时形成的。他在韦柯公司（耐克公司的长期代理公司）工作时完善了自己的理念。他回忆道：

菲尔·奈特（Phil Knight）是耐克的创始人，他相信通过创新技术或其他方式可以提高运动成绩。这是他们的真实想法。每个运动员都渴望进步。这就是他们的真实写照……公司的真实写照和个人的真实写照，或者说人们的真实写照，这种价值共鸣，就是你解释品牌的方式。这是你的真实一面，也是他们的真实一面。

第 四 章
升级文化中的营销人员

他乐于发现企业与消费者之间的"共鸣（shared truths）"。他指出，许多公司都试图捏造一种共鸣，他认为"这么做如果要奏效，它就必须是真实的"。与我交谈过的其他营销人员一样，他认为自己的核心职责是帮助企业找到与人之间有意义的联系。然而，在他的职业生涯中，他实现这一目标的方式发生了很大变化。

我认为自己处于两个不同时代的中间。我处于传统广告的末期以及新时期的初期。对于像我这样年龄的从事这一行的人来说，这是一个没有安全感的时代，因为有很多人都可以写这些东西。当有人给你提供素材并告诉你：必须这么写，必须这么长。不用考虑公司和目标受众的真实状况，这就是一门艺术。如果你有这样的能力，你可以接活收费。这是一门业务。现在与以前不一样了。

如今，他的工作不再是寻找公司与消费者或其他企业之间的真实联系。取而代之的是，他根据市场调研数据告诉自己应该说什么。在他职业生涯的起步阶段，工作从来都不是由数据驱动的。他笑着说："当他们第一次开始测量广告的点击量时，我们都很生气，都说'你不能通过点击量来判断一个广告的好坏！'好吧，你当然可以。"他调整了自己的文案写作技巧，以适应不断变化的数据驱动的工作参数。现在，他不再去绞尽脑汁地制作一个发人深省的标题，而是在指定的空间内凑齐合适的字数。可以肯定的是，在字数或字符数限制下工作一直是文案写作的一部分，但现在这种限制主导了他的工作。

因此，就我这个年龄的人的理解而言，很多创意其实并不存在。你并不真正自由。另外，解决难题也是一种创造力。感谢上帝，我还能做一点这样的事。如果它有效果，他们会知道它有效果……你就知道它在发挥作用，产品因此而畅销。这让你的生活更轻松，也意味着你不会被取代。你知道你不会被取代，因为你有成果。这是做营销创意最好的时代，也是最坏的时代。

虽然他认为好的营销可以是一个寻找共鸣的人文过程，但他觉得尽管将营销效果用数据量化提供了一种新的工作证明和保障方法，但现在对解决数据驱动的难题投入仍然不够。通过引用狄更斯的经典巨著《双城记》（*A Tale of Two Cities*），他表达了对数据崛起的痛苦接受过程。数据驱动的营销为他提供了量化的信息，以证明他工作的价值，同时也剥夺了工作里他真正喜欢的那一面。《双城记》开篇先列举了18世纪晚期的矛盾。在当前背景下重读这个开头的段落，这些二元对立仍然决定着技术变革的政治利害关系。"这是最好的时代，这是最坏的时代；这是智慧的时代，这是愚蠢的时代；这是信仰的时期，这是怀疑的时期……"。他对文案写作的讨论体现了狄更斯关于技术变革的矛盾表象的主题。信息无处不在，理性无处不在。技术变革撇弃了我们；更多的技术拯救了我们。考虑到广告文案撰稿人在20世纪初对自身的看法，他对狄更斯的引用显得十分贴切："一些文案撰稿人将其工作的目的和挑战与莎士比亚、斯蒂文森和狄更斯的工作相提并论。"

对于像 R+M 这样的小型营销机构来说，大量廉价且随时可用的数据不仅重组了创意流程，还使受众研究成为营销活动中可行的一部分。对于许多客户来说，市场调研曾经过于昂贵。贝弗利·默里解释道：

技术变革还有一个很酷的地方，那就是我们可以随时随地做调研，这是以前无法完成的事。如果我按下一个按钮就能自动完成 5000 次操作，我就可以获得全部的数据，客户高兴，我也很兴奋。我总是把数据放在第一位。它让我们可以获得洞察力。而在此之前，我们必须做一个"调研项目"。而如果你对客户说，我需要花钱做一个调研项目，那几乎是不可能的，因为这意味着要花大量的金钱和时间。现在不一样了，调研将贯穿我们所做的一切工作。

大型全国性品牌和麦迪逊大道上的广告公司进行市场调研已有近一个世纪的历史，但数字媒体提供的数据使预算较少的公司也能很容易地进行便宜的调研和测量。

谷歌或脸书（Facebook）等数字广告平台提供免费的数据分析工具和灵活的广告预算系统，使最小的公司也能使用数字广告的数据。正如脸书所宣传的那样：

你可以告诉脸书你想花费多少钱做广告。然后，我们会尽力让你的广告效果最大化。如果你想每周花费 5 万美元，没问题。如果你想每周花费 5 美元，也可以。

该系统提供大量不同的灵活预算选项，允许公司将资金分配给从建立品牌知名度到进行目标顾客销售（即消费者看到广告并立即购买产品）等各个环节。更重要的是，它还配备了一个分析界面，可以实时监控活动效果。新媒体平台对广告主的吸引力不仅仅在于它们提供了发布促销信息的新方法，更在于它们提供了获取广告活动和受众互动数据的廉价途径。这种廉价的数据获取方式极大地增强了数字广告的诱惑力。2000 年，美国的数字广告支出仅为 80 亿美元，但到 2023 年，预计将增长到近 2020 亿美元。要断言营销人员从日常生活中大量数字设备中获得的海量数据就是摩尔定律的目标，证据还太少，但在 1972 年，硅谷传奇公关人瑞吉斯·麦肯纳（Regis McKenna）曾向英特尔董事会提出了一系列新产品构思，其中包括自动马桶、电子游戏和血液分析仪等看似离奇的微芯片应用。至少在当时，这些都被认为是愚蠢的妄想，但它至少表明了一个事实，即那时人们的技术想象中还没有找到将普遍的计算所产生的大量数据货币化、转化成经济价值的方法。

重新摆正对营销工作价值的焦虑

由于营销人员无法完全说清楚营销工作是如何实现了目标的，因此人们对市场营销工作的价值产生了怀疑。作为一种商业行为，市场营销是一种不确定的手段；一种难以捉摸的机制，它

第 四 章
升级文化中的营销人员

既对创造市场交易条件至关重要，又看似肤浅，因为它的前提是操纵人的主观体验，而这种体验永远无法完全量化。它不断尝试各种技术以达到目标，却无法完全理解它是如何实现这些目标的。它也没有明确的界限来界定其职责范围，像销售或会计部门都有非常具体的做法来确定其职责范围一样。我采访的每一位营销人员都对营销给出了不同的定义。一位营销人员解释说，通常情况下，当新技术或新理念开始出现时，企业会将其交给营销部门，看看他们能做些什么。他说：

这是一个包罗万象的职业。你知道，这就像"我不知道还能把它放在哪里。哦，那就把它放到营销部门去吧！"电子商务，它能去哪儿？啊，还是交给市场营销人员吧。我感觉情况一直是这样的。

他的评论凸显了营销工作的实验性。无论是尝试电子邮件营销等新兴形式，还是品牌与消费者沟通的社交媒体算法的迅速扩散，市场营销都是通过不同的手段来实现经济目的的一种文化实验，像唐·斯莱特（Don Slater）所描述的那样，处于"文化与经济之间的难以定义的位置"。

市场营销的这种难以定义的位置，使各部门、机构和代理商一直为证明市场营销工作的价值而焦虑，而这种焦虑既与经济和技术问题有关，也与传播和文化问题有关。约翰·杜翰姆·彼得斯（John Durham Peters）在其关于传播概念的历史著作《对空言说》（Speaking into the Air）中写道，传播反映了人类生存条件中的一个永恒性难题。人类认知的局限性和差异性、语言系统的可替代性、通过媒介产生的失真，这三个方面只是说明了一个事实，即不存在完美的传播，就像不可能对人类的主观体验进行客观化描述一样。尽管如此，升级文化还是将新兴技术提升到了营销人员技术想象中的重要位置，因为大数据、营销人工智能和预测分析等解决方案承诺有望更好地理解消费者的主观体验，甚至超过消费者对自己的理解，从而可以最终证明营销工作的有效性。

2019 年夏天，当我坐在北卡罗来纳州达勒姆一家 B2B 营销科创公司的办公室外时，我想起了 5 年前对该公司创始人兼首席执行官的第一次采访。他说："营销曾经是烟雾和镜子。在某种程度上，今天依然如此……因为有了数据，它已经不再是一种虚伪的功能，也不再是一种虚伪的职业。"他讲道，在 20 世纪 90 年代中期，他的职业生涯之初，技术还只是"一个很好的东西"，但到了 2014 年，技术已经成为他们所有工作的支柱。对他来说，挑战在于营销人员要掌握基于新兴技术生成和应用数据的能力，用这种能力来展示营销人员的工作如何为企业收入做出贡献。

当时他曾讲过，无须使用侵扰性的大众市场广告，应用大数据和预测分析就可以提高对消费者需求的预测能力。有了监控技术、多种数据库和分析软件，他就能通过同样的指标量化自己的劳动价值，从而制作出更有针对性的广告。理论上，他可以通过追踪一对一营销策略、广告投放时间和频率将潜在客户转化为客户的过程，将营销工作与公司具体的收入金额联系起来。通过这些数据，他可以证明营销工作的有效性，从而量化营销投入在何

第 四 章
升级文化中的营销人员

时何地以及如何产生收益。

当他头上倒扣着一顶达勒姆公牛队（Durham Bulls）的帽子，穿着蓝色 V 领 T 恤和牛仔裤开门时，我对我们过去谈话的回忆戛然而止。到 2019 年夏天我第二次采访他时，他已经在市场营销领域工作了 22 年。在很多方面，他都体现了科技行业普遍存在的乌托邦式观点。每当谈及商业、技术和营销时，他都会燃起真正的激情。他总是像谈论名人一样谈论品牌名称，并引用《哈佛商业评论》（*Harvard Business Review*）的内容，就像有些人谈论《人物》（*People*）杂志一样，也希望你读过最新一期的内容。他带我回去见他的员工团队。如果你看过一些有关科技行业的电视剧或电影，你就会觉得这间办公室和你想象中的马上会成功的科创公司的办公室一样。为了与客户和投资者保持良好的关系，这里似乎有意要迎合人们的这些期望。会议室里的白板上贴满了界面设计笔记。他说："真正的用户体验，不仅是用户界面。"① 对他来说，这家初创公司是他职业生涯的巅峰之作，他热衷于利用新兴技术来解决营销人员一直以来的令人沮丧的问题：无法证明自己正在做着自己承诺的事情。他将市场营销形容为"烟雾和镜子"，这充分体现了他与这一职业之间的不和谐关系，虽然这一职业看似是全球资本主义运作的核心，但在历史上却一直受到人

---

① UX 指用户体验，UI 指用户界面。他的话说明，他们公司的目标是更加全面地考虑平台设计以及如何在平台上与用户进行信息交互，而不是狭隘地关注用户与之交互的导航元素设计。

们对其效果的质疑。

证明工作对收入的贡献一直是公司高层管理者面临的问题。在高管中，首席营销官的任期最短。据《华尔街日报》报道，2018年，全美前100大广告主的首席营销官平均任期仅为43个月，而高管的平均任期为88个月。更糟糕的是，首席营销官的任期中位数仅为27.5个月。文章指出："只有5%的首席营销官对自己影响战略决策和业务总体方向的能力以及在同行中争取支持的能力非常有信心。"而所有高管的平均比例为35%。首席营销官自称对自己影响组织实践的能力缺乏信心，即使是对营销在企业文化中的价值持最强硬批评态度的人，也应该对此有所警惕。尽管首席执行官对首席营销官给予了适度的支持，但其他高管对首席营销官普遍持怀疑态度。尤其是首席销售官（CSO）和首席运营官（COO）对首席营销官能否证明其对组织的财务贡献表示怀疑。营销科创公司的创始人兼首席执行官甚至描述了这样一种情况：一位朋友在一家老牌公司担任首席营销官一年后就被解聘了，因为他无法证明自己对收入的贡献。此类组织管理高层的问题说明，整个组织和企业文化普遍对营销持怀疑态度。这些问题也暴露出许多营销人员对证明自己工作价值的强烈焦虑。

人们对市场营销工作一直持怀疑态度的一个常见解释是，市场营销部门在历史上曾将创收的功劳拱手让给了销售部门。受访者一再表示，销售和营销之间的关系充满争议和矛盾，需要协调。终端市场营销与 B2B 市场营销之间的一个重要区别是，B2B 市场营销人员通常是与销售团队合作。而终端品牌营销人员通常直接与消费者对话，让他们进行自我销售（即说服自己去购买产品），或者说服消费者到零售门店，让店里聘用的销售人员来说服他们购买产品。在 B2B 领域，市场营销和销售之间的关系可能很密切，但也很紧张，因为市场营销通常是为销售团队开发和管理潜在客户，而销售团队的职责则是达成交易。市场营销和销售通常是企业内部两个不同的部门，各自都需要证明自己对企业收入的贡献。由于 B2B 市场营销和销售周期通常以月或以年计，因此需要将数月甚至数年内的数十次或更多次互动、沟通和宣传材料进行整理才能证明价值。一位 B2B 营销专家解释说：

对我们来说，我们在前期进行需求和潜在客户的挖掘。在售前环境中，你必须演示软件。（然后）你就可以放手了，不再真正参与。……我们可能发现了一个潜在客户，一年半后，这个潜在客户才真正成交。在整个过程中有很多人都会接触到这个客户。当你想说"嘿，我们也有份"时，投资回报率就有点说不清了。

当销售团队达成交易、完成谈判并签订合同时，他们就可以清晰地说明他们是如何为公司创造收入的。而对于营销人员来说，情况可能会更加混乱。

鉴于销售负责达成交易，而市场营销负责管理潜在客户，人们通常认为他们在一个组织生态系统中发挥着不同的职能，但与我交谈过的市场营销人员都希望可以通过数据来调整他们的职能。这位 B2B 营销专家继续说："营销的目的是创造兴趣、创造需求，销售则认为自己的工作是为了达成交易……就像两个学科。他们是一种互相依存的关系，没有其中一个，另一个也无法生存。"问题的关键在于如何将支出转化为收入。或者，正如一位独立的市场营销和品牌顾问所说："可悲的是，我认为很多公司都将市场营销视为一种支出，而不是投资。因此，他们没有投资于良好的市场营销，然后当他们看到销售额下降时，就把责任归咎于市场营销。"这些问题不仅在行业中存在已久，而且人们认为它们不会很快消失。

升级文化通过新兴技术追踪哪一个环节为销售收入做出了贡献，从而有望成为解决销售和营销紧张关系的方案。正如这家营销科创公司的创始人兼首席执行官所说："我一直认为，数据将成为销售和营销的婚姻顾问。换句话说，它将有助于揭示真相，帮助这两个人。"婚姻顾问的比喻很有说服力。首先，它将数据定义为能够解决冲突的中立一方。其次，它将数据描述为能够独立行动的自主主体。这两方面都将机器学习和人工智能联系起来，作为营销文化中客观但有干预能力的主体。鉴于大多数 B2B 的销售周期从 6 到 18 个月不等，平均需要与组织内 8 个不同的人进行沟通，因此追踪谁与谁进行过沟通、通过什么渠道、在流程中的哪个环节沟通以及产生了什么效果变得异常复杂。婚姻顾问的隐喻将一种即将问世的技术拟人化为一种解决方案，以解决

第 四 章
升级文化中的营销人员

人们对营销效果和价值的焦虑。

在这种营销焦虑的背景下，新兴技术提供的数据能够更好地追踪过程，从而比目前的做法更准确地揭示影响收入的原因。像我所描述的这种营销科创企业，他们的目的不仅是要证明营销工作的价值，还要通过协调销售和营销工作来解决对其价值的焦虑。然而，另一位市场营销人员却认为不可能实现完美的协调：

……销售和营销的协调，我认为在某种程度上是一场"闹剧"。我不知道还有什么更好的说法。我只是觉得这些职能部门自从开始合作就一直在闹分歧。我认为他们别无选择，只能通过技术和数据——特别是不会说谎的数据——变得聪明起来。

虽然有些人认为分歧是不可调和的，但很多人都相信，数据可以成为化解矛盾的客观力量，并表明市场营销是一种创收手段，而不仅是一项多余的开支。

对营销工作价值的焦虑不仅限于组织内部，还延伸到了代理机构与客户之间的关系。伊利娜·尤恩（Ilina Ewen）从事市场营销工作 30 年。她拥有美国西北大学整合营销传播硕士学位。她曾供职于甲方和代理机构，在过去的 21 年里，她在养育两个儿子的同时，还自聘为营销和品牌战略顾问。她有一个名为"灰尘和噪声"（dirt and noise）的博客。她还曾担任过两年半的北卡罗来纳州第一夫人的首席助手。伊利娜在举例说明品牌和营销时，喜欢讲述她生活中男性的故事。在这些故事中，她的丈夫和父亲扮演着不习惯女性消费世界的笨拙的男性消费者，而她的两个儿子则通常被描述为在营销专业妈妈的陪伴下长大，对商业非常精通。当她讲述儿子们接受如何驾驭消费文化的教育时，她的语气中隐约流露出作为母亲的自豪。我和她相识于 2008 年，当时我们都与一家教育技术初创公司签约，该公司是一家名为"大脑翻转"（Brain Flips）的在线免费教育卡片网站。我们都渴望在教育和技术的交叉领域工作。她负责网站的市场营销和宣传工作，而我则负责界面设计和网络编程方面的工作。

在谈到她作为自由职业顾问的经历时，伊利娜解释说，她经常遇到客户的质疑，因为他们并不认为市场营销是一项特别独特或有价值的技能。她说："我认为，人们认为自己也可以做市场营销。他们认为任何人都可以做市场营销。你不必像律师那样去上学，也不必像律师那样参加考试。所以这是一种观念。"她指出，当她在一家代理机构工作时，她并没有受过很多的质疑，这并不是因为质疑不存在，而是因为通常在事情到她这里之前，接触客户的其他人已经处理过这个问题了。她有意将自己的工作与法律等正规职业相比较，以强调客户是在为她的专业知识付费。伊利娜接着说：

我常说的一句话是：你会和你的律师吵得这么凶吗？听着，你聘用我是为了给你提供一定水平的专业知识，而我正在提供。那你还有必要在每一点上都跟我争论吗？

将营销人员与有特定教育或考试要求的正规职业人员相比较，说明了营销人员对其工作价值的怀疑以及由此所产生的更广泛的焦虑。她将营销专业与律师相比较，是在通过比喻来解释并希望说服那些付费购买她的服务的客户，营销人员确实拥有独特而有价值的组合技能。

市场营销、品牌塑造、广告和公共关系之间的区分不够清晰，这是对市场营销工作价值的另一种怀疑。然而，即使在市场营销工作这个大类中，品牌建设作为企业市场营销战略的一个重要方面，也会遇到质疑。虽然这些战略传播实践之间存在大量重叠，但每种工作都认为自己在通常所说的"整合营销传播"中有着独特的贡献。例如，品牌往往被认为是作用时间最短的，因为在零售环境中，品牌主要涉及影响消费者的体验和情感，以培养他们的忠诚度和重复购买行为。从历史上看，今天的正规化品牌塑造是这些实践中最新的一种，它真正形成于20世纪80年代的并购谈判之后，当时需要对公司所拥有的消费者规模进行估值。在整个20世纪90年代，随着市场营销转向量化方法，品牌成为一种战略沟通实践，专注于在消费者中产生情感反应和忠诚度。英图博略作为全球领先的品牌价值评估机构，每年都会发布一份全球最有价值的品牌榜单，该榜单采用一个公式，来比较消费者对竞争品牌的偏好，并随时间推移进行估算。然后，企业利用这些估算将品牌作为知识产权资产，在出售或收购公司时需要对其进行核算。贝弗利·默里说：

曾有首席执行官告诉我"永远不要用品牌这个词。它对我来说毫无价值。"我坐在一个满是营销人员的房间里，他们告诉我

"不要说品牌这个词"。人们认为品牌就是一个吸金洞。

与其他营销行为一样，品牌的可量化性使其在原本持怀疑态度的人眼中变得正规了。这位 B2B 营销专家坦言："我以前也总是说品牌营销是扯淡。但在看过品牌资产研究后，我确实了解了它的价值。"从这个意义上说，这些不同的战略传播方法，无论是品牌传播还是其他传播方法，都在不断取代以往的做法，更有能力缓解人们对营销效果和对公司收入贡献的焦虑。

升级文化暴露了营销人员与技术变革关系中的一些裂痕。无论是重新培训员工以跟上消费技术的变化，重新设计营销活动以提高对数据和测量的重视，还是重新摆正对营销工作价值的焦虑，营销人员对技术变革的理解和体验都改变了其日常实践。重要的是，这些日常实践对于组织全球资本主义至关重要，而我在这里描述的营销人员的故事揭示了一系列复杂而多样的反应。他们并不是传播资本主义意识形态的同质群体。市场营销是个人政治、职业价值观和传播实践的复杂交汇点——如果有机会的话，营销人员可以找到潜在的盟友，共同打破升级文化或取代技术想象中的固有变革假设。

结论

挑战升级文化

那么，我们该何去何从？在高度发达的经济体和充斥着来自全球消费技术产业的产品的技术文化环境中，升级文化已经变得无处不在。全球范围内快速、永久、必然的变革假设已经在人们的技术想象中根深蒂固。这些假设已经融入了人们的日常生活，随之而来的是，一个没有新兴技术不断涌现的其他可能的繁荣未来的想象已经消失了。在前文，我展示了升级文化是如何由消费技术行业的营销人员创造出来的，它是如何传播的，又是如何维持的以及它是如何反作用于创造它的营销文化的。我们的目标是揭示人们所做的事情——实践——在个体和集体层面上再造和改变着这个世界，这些实践是对技术力量的回应，而技术力量对人们的影响远远超出个体的自我感知。

我首先描述了摩尔定律及其基本假设，即技术变革是快速、永久、必然的，是如何从一种工程特征变成了一种商业模式，再变成了消费技术行业的组织原则。通过"粉碎行动"和"本机内部使用英特尔处理器"等关键营销活动，英特尔将自己定位为行业中最强大的公司，并通过其垄断地位确保客户购买其微芯片的速度与摩尔定律相称。以往间歇式技术革命带来的崇拜感塑造了人们对技术的集体理解，之后当渐进式的技术变革越来越多时，摩尔定律将人们对技术变革的体验和理解调整为指数曲线上可预测的节奏。随着个人电脑产业在 20 世纪 90 年代的迅猛发展，英特尔重塑了人们对技术变革过程的看法。当每一次渐进式改进都是处理能力的指数级提升时，摩尔定律创造出了一种既不崇高也不平庸的技术变革感。

在 2000 年代的最初几年，这些关于快速、永久、必然的变革想法在文化、政治和经济生活中广泛传播。我重点关注了 3 个关键的实例：媒体、世界博览会和科创投资，它们充分反映了技术变革假设是如何扩散、放大和强化的。这些操作涉及制作未来主义媒体、传播信息和促进国家认同；投资初创企业的做法，展示了与技术和未来相关的 3 种独特形式的力量：媒体力量、国家力量和金融力量。

我描述了在 20 世纪 70 年代、80 年代和 90 年代，计算机界面的变化在表现未来时是多么的微不足道，但在 2000 年代中期，计算机界面的变化却成为合理表现未来的标准操作。我着重强调了视觉科幻媒体表现当前技术变革、放大新生技术并使新假设具象化的能力，并关注了未来主义媒体的作家、设计师、导演和制片人的决策和实践。丰富的未来世界包含了由制作时常见的计算机界面控制的奇幻技术，体现了人们当前对技术想象变革的理解。然而，其他科幻媒体在触摸屏界面广泛普及之前的几十年，就已经放大了触摸屏界面等新概念。它们还将人们对技术变革的新理解具象化，从而在未来主义媒体的制作实践中形成了新的标准，使计算机界面比制作时更加"先进"。

结　论

之后我介绍了在哈萨克斯坦阿斯塔纳举办的 2017 年世界博览会。阿斯塔纳是一座为未来而建的金碧辉煌的城市，也是首都，而这次世界博览会是以"能源的未来"为主题。长期以来，世界博览会一直是政治与技术变革交汇的场所，2017 年阿斯塔纳世界博览会也不例外。哈萨克斯坦是一个拥有丰富石油和天然气资源的国家，但此次世界博览会却标志着他们试图加入社会的上层行列，通过新兴技术引领国际话语，以实现 2015 年《巴黎气候协定》。绝大多数国家展馆都宣传了风能、太阳能、地热能、波浪能和生物质能生产方面的进步以及将这些技术融入产业、公共和私人生活的战略。

美国馆是这一趋势中为数不多的例外之一。美国没有推广那些有助于世界能源基础设施摆脱化石燃料的最新技术，而是将未来必然的技术变革作为当今气候变化的解决方案。它强化了丰饶主义生态经济学的原则，即必然到来的技术变革将取代现有资源或提高资源利用效率，以至于资源将是"无限的"。根据美国馆的说法，无限能量的源泉——气候变化的解决方案——就在我们每个人身上。这样做是向国际社会宣传了必然的技术变革思想，并将其作为美国的国家认同和应对气候变化政策的立场。

最后，我讨论了对初创科技公司进行金融投资的两个例子，这些投资实例的前提仍是假设技术变革是快速、永久、必然的。以优步为例，从 2009 年成立到 2019 年上市，共投入了 250 亿美元。然而，优步是一家不赢利的公司——事实上，它是有史以来最不赚钱的公开上市公司之一——上市前一年就亏损了32亿美元。行业分析师，甚至是优步都指出，除非他们能从人工驾驶升级为"自动驾驶出租车"，否则他们将永远无法赢利。尽管业务基本面很差，优步还是通过首次公开募股获得了超过80亿美元的额外资金。投资优步并不是投资一项新兴技术，而是投资于一种假设，即自动驾驶汽车在不久的将来必然会出现。

升级文化也让投资于实际上并不存在的幻想中的新技术显得有理有据。2003年，伊丽莎白·霍尔姆斯创立了希拉洛斯公司，她的初衷是彻底改变血液治疗和诊断方法。年仅19岁的霍尔姆斯为自己打上了"下一个乔布斯"的标签：大学辍学、标志性的黑色高领毛衣、革命性设备专利。在接下来的12年里，希拉洛斯获得了7亿美元的投资，市值达到90亿美元。他们与沃尔格林和西夫韦等全国性知名品牌建立了合作关系，在它们的店里摆放希拉洛斯的机器。霍尔姆斯被吹捧为硅谷的宠儿，并被《福布斯》评为美国最富有的白手起家的女性，身价高达45亿美元，因为她拥有希拉洛斯公司一半的股权。

随后，《华尔街日报》记者约翰·卡雷鲁的一篇调查报告揭露了这样一个事实：希拉洛斯的旗舰设备（一种桌面式血液检测设备，看起来只需几滴血就能诊断出数十种疾病和病症）实际上并不起作用。卡雷鲁的报告是希拉洛斯倒闭的第一张多米诺骨牌，最终导致霍尔姆斯和希拉洛斯总裁桑尼·巴尔瓦尼被美国证券交易委员会指控"大规模欺诈"。霍尔姆斯之所以能够长久地维持门面，其中一个重要原因是她的原始专利成了个人和企业品牌的重要组成部分，使她在早期投资者眼中合法化。然而，美国专利法规定，推测性技术在专利申请中描述设备功能时，可以使用现在时或将来时。这就使得霍尔姆斯的原始专利被写得好像她已经成功发明了一种革命性的设备，而实际上她只是有了一个奇幻技术的想法，而且这个想法并不可行。希拉洛斯的案例表明，假定技术变革是快速、永久、必然的，就会使奇幻技术看起来似是而非。霍尔姆斯明确说过不断变化的计算机技术是她的灵感来源，她认为血液检测技术会以相应的速度发生变化。优步和希拉洛斯都表明，对这些备受瞩目的新创公司进行金融投资，与其说是投资于一家实力雄厚的公司或一项已被证明的技术，不如说是投资于一系列关于技术变革的假设。

升级文化也需要维护，以强化技术想象力中关于变革的假设，而 CES 是该行业用于实现这一目标的主要工具之一。在 CES 上所展示的"未来愿景"中，有许多新奇的小玩意儿和产品，通过营销和新闻报道，这些都是未来的象征。然而，参展商在 CES 的主要目标却是寻找潜在客户、维护客户关系和举行会议等营销工作。这些愿景都是精心打造的奇观，重建了现有的文化关系和规范——尤其是在性别方面。自 CES 创办之初，聘请有魅力的女模特发放营销材料就已经成为 CES 文化的一部分。作为一种营销策略，使用衣着暴露的女模特或"展台美女"的做法在 20 世纪 90 年代和 2000 年代已经达到令人发指的程度。在女权主义记者和活动家的舆论压力下，使用衣着暴露的模特的现象在 21 世纪 10 年代后期逐渐减少，最终导致 CES 在 2020 年制定了职业着装规范，并将这种文化转变编入法规。虽然这只是一个小小的进步，但改变这种歧视女性的营销方式，意味着 CES 所产生的技术未来愿景将不再把女性作为新兴技术的明显性化装饰品。取而代之的是，它们将帮助女性以专业人士、创新者和远见卓识者的形象出现在未来愿景中。

最后，我对营销人员如何应对升级文化，以及升级文化对营销工作的未来意味着什么进行了更深入的描述。通过对广告公司高管、创意内容制作人、独立营销和品牌顾问的长篇访谈，我描述了升级文化意味着营销人员需要广泛的技能再培训，需要将营销活动的设计从创意驱动重塑为数据驱动，以及需要重新定位他们对营销工作价值的焦虑，从而在新兴技术中寻求解决方案。

当消费电子产品开始取代专业生产设备时，设计师和策划家都必须以和这些技术的快速淘汰相称的速度重新掌握新技能。他们以前通过数年乃至数十年的实践才培养出来的手艺级的专业生产技术，被日新月异的消费技术所取代。与将权力集中于管理层的工业工人的"去技能化"相比，为适应不断变化的消费技术而要求白领进行技能再培训则将权力集中于消费技术行业的公司。

越来越多的数字通信设备的采用也重塑了营销活动的设计方式。这些"新媒体"产生了大量的监控数据，可用于衡量活动效果和消费者行为。过去，广告活动设计的出发点是创意流程和活

结　论

动目标，而现在，由于受众与媒体平台互动产生了大量数据，广告活动设计的出发点是可以测量什么以及如何测量。结果是，经验丰富的业内资深人士的地位岌岌可危，他们的技能在数据驱动的营销世界中逐渐过时。

升级文化还将人们对营销工作价值的焦虑重新导向为在新兴技术和数据中寻找解决方案。行业中，市场营销、广告、公共关系和品牌推广的工作人员长期以来一直对其工作价值感到焦虑，因为很难证明其对企业收入的贡献。市场营销人员的工作价值和专业技能一直受到质疑，无论这种质疑来自客户、聘用者还是销售团队。自从日新月异的数字设备融入营销的日常操作以来，新兴技术已成为营销人员缓解工作价值焦虑的一种出口，他们将希望寄托于下一代新技术，以期能最终证明自己的工作价值和效果。

本研究以营销技术人员的访谈收尾，揭示的升级文化的发展过程也一环扣一环地形成了一个闭环。科技行业的营销人员在创造升级文化方面发挥了重要作用，从而促成了英特尔等关键公司的商业模式。然而，他们的工作也将因自身所推动的技术想象力的变化而发生根本性的改变。要想更细致地了解市场营销，尤其是 B2B 市场营销如何在全球资本主义中发挥作用，就必须对营销人员及其所从事的工作进行更深入的描绘。批判性学者需要能够系统地思考这些不同规模的企业权力，它们塑造了行业和个人行为。如果要找到一条颠覆升级文化的道路，就必须在不同的行

177

动层面上考虑到企业权力的具体运行方式。

考虑到了整个行业的 B2B 和终端营销之间的相互联系，我还采取了一种更全面的方法。单靠积极的消费者需求是无法改变消费技术行业的，因为垄断和寡头垄断条件限制了消费者需求的市场力量。更糟糕的是，根深蒂固的商业模式建立在新产品快速推出和淘汰的周期之上，而这正是升级文化的雏形。这不仅是少数几家公司的问题，而是整个行业致力并投资于快速、永久、必然的技术变革的问题。由于消费者缺乏权力，因此需要在企业和行业层面思考抵制和干预的方式。在这些层面上的干预需要法律和政治杠杆来改变企业和行业的做法。在行业层面，这意味着不能把法规简单地理解为"对市场力量的限制"，而是要认识到，行业法规使特定的企业行为成为可能并合法化。例如，对季度利润的关注和信义义务已经是对企业实践的限制，因为它们迫使企业将短期目标和股东利润置于所有其他因素之上——例如为实现基业长青所需实施的员工福利或其他更可持续的操作。换一个角度来思考监管问题，监管可以使企业参与更有影响力的社会和环境实践，或以牺牲短期利润为代价来换取公司的长期健康发展，而"负责任"的企业管理者很少能做到这一点。

最后，我以行业法规和公司法的两个案例作为总结，看看它们为干预升级文化的基础所提供的可能。在行业层面上，2010年《多德-弗兰克法案》的规定迫使公司披露在制造消费电子产品或零部件（如微处理器芯片）时是否使用了来自刚果民主共和国的冲突矿产。十多年过去了，强制立法已经开始将权力从当地军阀手中转移出来，使国际商业形式更加合法。这种变化对于减少供应链中的企业权力集中关系至关重要。一个行业的领导权越是集中在少数几家公司手中，就越难破坏整个行业的格局。因此，行业法规是向企业施压，迫使其转变做法的重要一环。在企业层面上，共益企业或 B 型公司是对一类应纳税的营利性公司的法律称谓，这种公司可免除它们的信义义务，使它们能够合法地将员工福利或环境问题置于季度利润之上。重新思考企业优先事项对于打破现有的新产品快速推出和淘汰的周期也很重要，因为这样可以促进新的商业模式，减少对快速、永久、必然的技术变革的依赖。

在 2014 年的 CES 上，英特尔自豪地吹嘘他们将在当年晚些时候开始销售首批"无冲突"微芯片。英特尔的宣传材料将新的"无冲突"芯片描绘成企业社会责任的善举。然而，可预见地，英特尔忽略了一个事实，由于人权组织的成功施压，使得《多德–弗兰克法案》中增加了一项条款，授权美国证券交易委员会要求公司报告供应链中涉及原产于刚果民主共和国的冲突矿产的情况。这项强制性立法规定，公司必须在 2014 年 5 月之前披露其供应链中使用冲突矿产的信息。英特尔新推出的"无冲突"微芯片并没有真正摆脱和该国及周边冲突地区的牵连，也没有摆脱当地武装分子的牵连。相反，英特尔公司对其供应链进行了审计，并首次提供了有关矿产来自刚果民主共和国地区的信息。根据其网站上的宣传视频，英特尔有道德义务继续在该国开展业务。一个名为"向内看点：卡罗琳·杜兰对无冲突的追求"（*Look Inside.™: Carolyn Duran and the Pursuit of Conflict Free*）的视频称："要做的最简单的事就是从更安全的地区采购矿产品，然后一走了之。但一走了之并不能解决问题。"该视频吹嘘，英特尔已将向武装团体提供的利润减少了 55%！

冲突矿产是指在刚果民主共和国及其周边地区开采的黄金、钨、钽和锡。这些矿产被称为"冲突矿产"，是指该地区数十年的政治和经济动荡使得地区军阀和民兵不断壮大，几乎控制了国内巨大自然资源的所有开采权——估计价值达数万亿美元。"忍无可忍项目"（Enough Project）是一个关注冲突矿产的人权组织，该组织指出：1998 年 8 月至 2007 年 4 月，估计有 540 万人死于该地区的武装冲突。在此期间，该地区约 550 个矿场几乎全部被当地军阀和民兵控制。这些矿产为他们带来了丰厚的利润，仅 2008 年一年就创造了约 1.85 亿美元的收入。另一个问题是，当原始矿物被运出后，会被运往通常位于东南亚的冶炼厂。一旦提炼成金属矿石，原始矿物的来源就无法追踪了。因此，除了在矿山追踪矿物来源外，还需要对精炼厂进行监督，以确保他们没有虚报矿物来源。

根据普利策奖得主杰弗里·格特尔曼（Jeffery Gettleman）的调查报道，最初几年改变采矿供应链的努力进展缓慢。2013 年，他试图探访巴维（Bavi）城外的一座金矿。他描述说：

结　论

与其他村庄一样的破败感：蜿蜒的路边一群圆屋，市场里的商店都是用木棍搭成的，店主们无精打采地卖着一堆堆二手衣服，一些眼神呆滞、满身酒气的男人在泥路上蹒跚而行。这里没有电，也没有自来水，老人们说学校需要药品和书籍。孩子们光着脚，肚子像气球一样鼓鼓的，因为营养不良或寄生虫，或者两者兼而有之。

在请求允许以记者身份参观金矿后，格特尔曼被当地的"矿业部长"逮捕，理由是他侵犯了当地军阀眼镜蛇·马塔塔（Cobra Matata）的领地。他最终被政府官员释放，这时格特尔曼才知道，政府官员与眼镜蛇·马塔塔这样的叛军首领暗中勾结，共同赚钱。除了腐败和勾结外，为了避免英特尔和其他行业审计机构的审查，武装组织还在 60 英里[①] 外的尼亚比布韦（Nyabibwe）出售矿产。在那里，这些矿产可以作为"非冲突"矿产走私出去。虽然取得了一些进展，但他指出，在撰文的时候，即 2013 年，只有 55 个矿场被认定为"非冲突"矿场，而且大多数金矿仍由军队或叛军控制。

新公开数据表明，这种状况正在好转，但进展缓慢，还有很长的路要走。"忍无可忍项目"报告称，截至 2017 年 12 月，刚果民主共和国共有 495 个经认证的"无冲突"矿山。虽然 79% 的锡、钨和钽矿场已获得"无冲突"认证，但 2016 年的一份报

---

① 1 英里约为 1.61 千米。——编者注

181

告显示，64% 的黄金矿工仍在"冲突"矿场工作。黄金仍然是冲突矿产中最有利可图的，因此也是最难转手的。正如一位联合国官员所描述的政府官员与武装团体之间的勾结："他们都在分享非法的战利品。这是一场争夺战，能抢多少就抢多少。"在供应链的其他环节，324 家冲突矿产冶炼厂中有 253 家通过了独立第三方的检查。强制矿山和冶炼厂承担责任中断了微芯片供应链中的一个重要环节，而这一环节助长了该地区的政治和经济动荡。虽然花费了近 10 年的时间，但这些努力表明，改变整个行业的做法是多么困难。英特尔在 2014 年宣布首款无冲突芯片时，更多的是愿望而非实际行动。

要干预作为升级文化核心的快速、永久、必然的技术变革假设，一个重要的尝试就是改变供应链的做法。为了减少电子垃圾中有毒材料的产生，必须在整个行业层面进行干预。一旦强制淘汰和寡头垄断的市场结构，使消费者总需求失去了作为政治手段的效力，那么法规就是公众可以利用的为数不多的政治工具之一。实现变革的方法之一是重构供应链中的权力关系。正如英特尔公司能够扭转原始设备制造商与组件供应商之间的权力关系一样，原材料矿山和冶炼厂也需要国际社会的支持，以减轻势不可当的企业权力，这种权力形式使一切陷于恶性循环。

2010 年《多德–弗兰克法案》规定的一项原则是，当企业向其他公司采购时，采购商比供应商的权力更大。这种不平衡的关系导致一系列结果，使大型公司实体对小型供应商施加来自下游的压力。就冲突矿产而言，由于全球供应链的不透明和复杂性，矿工无法通过任何合法途径摆脱当地军阀的暴政和持续的政治混乱，而《多德-弗兰克法案》等强制性立法旨在提高供应链的透明度。然而，对全行业立法的遵守往往是由最大的公司主导的，这些公司有能力在必要的变革或协议方面投入资源。因此，单个公司也必须做出改变，以便能够追求更长期或更可持续的做法。B型公司，或称共益企业，是一种法律机制，使营利性组织能够致力于可持续发展、提升劳工待遇以及与其他企业建立负责任的伙伴关系。B型公司是由B实验室管理的一项认证计划，B实验室是一家非营利组织，负责监督认证工作，并游说政府修改法规和税法。认证主要是对公司内部习惯、垃圾监管链、员工待遇和社区参与进行审核。B型共益企业是C型或S型公司的合法替代品。在游说各州采用共益企业作为合法报税地位的过程中，B实验室试图创造信义义务的替代方案，因为信义义务规定管理者必须将股东利润置于公司所有其他目标之上。B型共益企业的独特之处在于，它们为公司管理者优先考虑员工、社区或环境目标提供了法律保护，而这些目标的利润可能较低。

B型公司公开承诺根据财务以外的因素做出公司决策。B型公司的拥护者认为自己承担了人、利润和地球保护三重重任，但其中有一个重大区别，即B实验室正在努力为公司提供必要的法律保护，使其更重视人和地球保护，而不是利润。目前在美国37个州，注册共益企业是一种合法的税务名称，B实验室有

183

4000 多家公司参与了认证计划。获得 B 型公司认证的知名公司有巴塔哥尼亚（Patagonia）、本杰瑞（Ben & Jerry's）和新比利时啤酒（New Belgium Brewery）公司。支持者认为，B 型公司是让企业履行积极社会任务的真正尝试。通过将公司经理从完全以财务为导向的决策中解放出来，共益企业模式还可以防止大公司对小公司的恶意收购。当新兴竞争者开始对老牌行业巨头构成威胁时，通常的做法是收购它们，有时是通过恶意收购，本杰瑞公司就是一个例子。

2012 年，本杰瑞成为"第一家成为 B 型公司的上市子公司，这是一种新型的企业实体，法律允许其在做出商业决策时，在考虑股东利益的同时考虑社会利益"。本杰瑞是全球最大的零售品牌控股公司之一联合利华的全资子公司。因此，本杰瑞的法律地位十分棘手。他们是一家 B 型公司，并不完全受股东利润的驱动，但他们又被一家 C 型公司全资拥有，而后者又受股东利润的约束。有报道称，如果本杰瑞当时是一家法律认可的 B 型公司，就可以避免联合利华的恶意收购：

出于类似的原因，共益企业更不容易被恶意收购。2000 年，当本杰瑞被联合利华收购时，其创始人并不想出售，但他们认为信义义务要求他们这样做。如果是一家共益企业，则更容易保持独立。

批评者认为，B 型公司强调社会、人道主义或环境责任，这对新创公司来说可能是一种负面影响，但新创公司科托帕希

结 论

（Cotopaxi）的创始人不同意这种观点：

> 最初有人建议他不要一开始就将科托帕希公司注册为 B 型公司，而应稍后再转为 B 型公司，因为这样很难获得投资者的青睐。他很庆幸自己忽略了这一建议，因为 B 型公司的称号是其公司品牌和使命的真实写照，风险投资人也注意到了这一真实，这有助于吸引而不是排斥投资者。

像消费技术行业这样由强大的中央领导者主导的成熟行业里，成为一家经过认证的 B 型公司是保护自己免受恶意收购的一种可行方式，这些恶意收购往往旨在消除试图以不同方式运营的公司。

归根结底，升级文化是被消费技术行业所采用和定义的，升级文化也构建了人们对技术想象中变革的理解。要重新认识文化与技术变革的关系，就必须对工业产品生产的速度和持续性做出实质性的改变。因此，我们必须转变塑造技术想象力的经济实践，转变过程虽然复杂，但仍有机会。最重要的是，挑战升级文化意味着对"技术变革是一个快速、永久、必然的过程"这一超出了人类干预范围的基本假设进行质疑。正如我在本书中所展示的那样，这些目前在技术想象中定义变革的假设是一种相对较新且具有历史偶然性的结果，如果希望打破当前以科技为驱动、以增长为导向的全球资本主义的常规，或者想象一个由快速、永久、必然的技术变革以外的东西所定义的繁荣未来，就需要对这些假设进行颠覆。